Omondi/Braun

Audits mit Gewinn

Susan Omondi
Christian Braun

Audits mit Gewinn

Qualitätsaudits als wirksames und nützliches Instrument einsetzen

HANSER

MIX
Papier aus verantwortungsvollen Quellen
FSC® C083411
www.fsc.org

Print-ISBN: 978-3-446-47586-1
E-Book-ISBN: 978-3-446-47732-2
ePub-ISBN: 978-3-446-47930-2

Bibliografische Information der Deutschen Nationalbibliothek:
Die Deutsche Nationalbibliothek verzeichnet diese Publikation in der Deutschen Nationalbibliografie; detaillierte bibliografische Daten sind im Internet unter http://dnb.d-nb.de abrufbar.

www.hanser-fachbuch.de
Lektorat: Lisa Hoffmann-Bäuml
Herstellung: Carolin Benedix
Titelmotiv: © Christian Braun
Coverrealisation: Max Kostopoulos
Satz: Eberl & Koesel Studio, Kempten
Druck und Bindung: CPI books GmbH, Leck
Printed in Germany

Inhalt

Schnelleinstieg: Was Dir das Buch bietet

Wir – Susan Omondi und Christian Braun – wollen Dir Impulse und Werkzeuge an die Hand geben, um Audits im Qualitätsmanagement gewinnbringend und als ein wirksames Instrument einzusetzen.

Wir haben uns vorgenommen, das Thema Auditieren für Dich praxisnah und einfach verwendbar zu gestalten, und zwar sowohl interne Audits als auch Lieferantenaudits. Das Buch soll Dir helfen, zielgerichtete und wirkungsvolle Audits zu steuern und durchzuführen. Das Buch ist in einfacher Sprache gehalten und per „Du" verfasst.

Zahlreiche ISO-Normen und Standards geben vor, dass interne Audits durchzuführen sind.

Gemäß der DIN EN ISO 9001 (folgend ISO 9001 genannt) sind die Organisationen verpflichtet, die Leistung externer Anbieter regelmäßig zu überwachen und zu steuern. Das heißt, dass es zu Lieferantenaudits führen kann, aber nicht muss. In der Praxis wählen viele Organisationen Lieferantenaudits als eine gängige und etablierte Methode, ihre Lieferanten zu entwickeln. Teilweise verlangen Kunden, dass Organisationen ihre Lieferanten auditieren.

Die Praxiserfahrung zeigt, dass es kaum Unternehmen gibt, die eine Auditstrategie oder ein Auditkonzept haben. Die meisten führen nur interne Audits durch, um externe Audits zu bestehen. Lieferantenaudits werden noch zu selten zielgerichtet und wirkungsvoll im modernen Lieferantenmanagement eingesetzt. Dies hat uns dazu bewegt, dieses Buch zu schreiben.

Audits werden sehr unterschätzt und tragen in den meisten Fällen nicht zur Unternehmensstrategie bei. Mögliche Ursachen: Es ist den Involvierten entweder nicht bewusst oder sie wissen nicht, wo sie beginnen und wie sie ihr relevantes Team davon überzeugen sollen.

Wir möchten Dir mit unserem Buch Schmerzpunkte und Beispiele sowie neue Ansätze für die Praxis aufzeigen. Es ist uns ebenfalls ein Anliegen, Dir Raum für Reflexion zu lassen. Somit kannst Du als Auditor/Auditorin und auditprogrammverantwortliche Person eine Akzeptanz entwickeln. Schlussendlich möchtest Du, dass Deine Audits Dich und Dein Unternehmen weiterbringen.

Mit unserem Buch „durchlaufen wir den Auditprozess Schritt für Schritt“ und stellen Dir eine Auswahl von Auditdokumenten zum Herunterladen bereit.

Wir zeigen Dir, wie Du für Dein Unternehmen eine Auditstrategie entwickelst, damit Du nur noch Audits mit Gewinn steuerst, die Dein Unternehmen zum Erfolg bringen.

Wenn Du mit dem Buch gearbeitet hast, kennst Du den Nutzen einer Auditstrategie und die Vorgehensweise für Deine gewinnbringende Auditierung. Zusammengefasst weißt Du:

- wie Du eine Auditstrategie mit Deinem Team entwickelst,
- wie Du Dich und andere Auditoren motivierst, fokussierte und zielorientierte Audits durchzuführen,
- wie Du Schleifen für Deine Wirksamkeit schließt und dranbleibst.

Wir setzen eine Auswahl von Grafiken und tabellarischen Übersichten ein, die sich für unsere Teilnehmenden in unseren Trainings und während des Audits bewährt haben, um das Geschriebene zu untermauern.

Im Text findest Du Hervorhebungen, die Dich bei der Umsetzung unterstützen. Dabei handelt es sich um Quicktipps, Definitionen, allgemeine Hinweise, Reflexionsfragen und Inhalte aus der Norm sowie eine Story zur Veranschaulichung des Inhalts, Ergebniszusammenfassungen und Themen des jeweiligen Kapitels. Einige Kästen haben wir zusätzlich mit einem Icon versehen:

Dein Quicktipp

Definition

Deine Reflexionsfragen

Dein Inhalt aus der Norm

Allgemeiner Hinweis

Deine Story

Ergebniszusammenfassung

Themen des Kapitels

Du bist neu als Auditor/in, Qualitätsmanager/in oder Geschäftsleitende oder Du bist erfahren? Die neuen Inspirationen und Impulse sind auf jeden Fall sehr nützlich für Dich. Unser Ziel ist es, dass alle Involvierten im Unternehmen die gleiche Sprache sprechen, um endlich Audits mit Gewinn einzusetzen.

Unsere Vision lautet:

> *Nur Audits mit Mehrwert für die Beteiligten und für das Unternehmen werden eingesetzt, um die Risiken und Chancen zu erkennen und um die strategische Ausrichtung wirksam zu begleiten.*

Es ist nicht die Absicht, dass Du das Gelernte auf einmal umsetzt. Am besten wendest Du dieses Buch so an:

- Lese Dir das Buch zunächst im schnellen Durchgang durch und finde heraus, welche Punkte Dich ansprechen.
- Lese Dir das Buch zum zweiten Mal durch. In dieser Runde vergleichst Du das neu Gelernte mit dem, was Du hast oder kennst. Beantworte dabei die Reflexionsfragen am Ende jedes Kapitels.
- Wähle Dir einen Punkt aus dem Buch oder einen Abschnitt aus Deinem Auditprozess pro Monat aus, der Dir am meisten „Schmerzen" bereitet, und verbessere diesen Punkt. Wenn der erste Punkt verstanden und umgesetzt ist, gehst Du zum nächsten Punkt über.
- Nutze das Buch als Impulsgeber, Nachschlagewerk, Werkzeugkoffer oder als Schulungsunterlagen, wenn Du und Dein Team nicht weiterkommen.
- Notiere Dir neue und wertvolle Erkenntnisse, die über dieses Buch hinausgehen.

Noch etwas:

Für eine Orientierung legen wir die Normanforderungen der ISO 9001, aktuelle Version 2015 für Qualitätsmanagementsysteme, sowie die DIN EN ISO 19011 (folgend ISO 19011 genannt), aktuelle Version 2018, Leitfaden zur Auditierung von Managementsystemen, zugrunde.

Wir wählen die ISO 9001, weil sie die meist verbreitete Norm ist. Zum Zeitpunkt des Schreibens gibt es gemäß ISO-Survey 2021 weltweit 1 077 884 Zertifikate. Davon 49 298 in Deutschland, 7351 in der Schweiz und 3768 Zertifikate in Österreich (ISO, 2022).

Die ISO 9001 ist mit vielen Normen kompatibel und bildet die Basis für alle anderen Branchenstandards. Deshalb darfst Du unbesorgt sein. Sofern Du für die Erfüllung dieser Norm Deine Audits entwickeln kannst, wirst Du Deine Auditstrategie für die weiteren Anforderungen bzw. für Dein integriertes Managementsystem leicht erweitern.

Bist Du bereit herauszufinden, wie Du endlich mit Audits einen Beitrag zum Unternehmenserfolg leistest? Wir sind es.

Wir freuen uns auf diese Entdeckungsreise mit Dir.

Herzlichst,

Susan Omondi und Christian Braun

1 Warum die meisten Audits scheitern

„Schon wieder ein Audit."

„Wir haben Wichtigeres zu tun."

„Wir sind schon gut unterwegs. Wir brauchen kein Audit."

„Ich habe keine Zeit für so etwas. Ich muss für Kunden da sein."

„Warum machen wir das Lieferantenaudit? Das bringt doch keinen Mehrwert."

„Dann lass uns das Audit schnell hinter uns bringen. Hauptsache, der externe Auditor ist zufrieden."

„Das ist aber ein anstrengender Kunde. Warum kommt er immer wieder, um uns zu auditieren? Die Fragen sind doch eh meistens immer die gleichen …"

„Was bringen uns Audits?"

„Ich hasse es, Auditberichte zu schreiben. Liest eh keiner."

Vielleicht kennst Du eine oder mehrere dieser Aussagen oder Fragen?

Vielleicht kennst Du eine oder mehrere Verhaltensmuster, die darauf hinweisen, dass Audits bei Dir im Unternehmen oder bei den Lieferanten nicht so gut ankommen?

Vielleicht siehst Du als Auditor oder Qualitätsmanager auch nicht wirklich den Sinn dahinter?

Genau diese Fragen geben uns Antworten darauf: „Warum die meisten Audits scheitern?"

Einer der Grundgedanken von Qualitätsmanagement ist es, nie mit der ersten Antwort zufrieden zu sein: ob es nun darum geht, Grundursachen für einen Fehler zu finden, oder ob es darum geht, die Sinnhaftigkeit einer Tätigkeit sichtbar zu machen.

Wir haben Gespräche mit Geschäftsleitenden, mit Auditoren sowie mit Qualitäts- und Einkaufsmanagern geführt und uns selbst als Auditoren reflektiert. Wir kamen auf die acht nachfolgenden Hauptgründe, warum die meisten Audits kaum gewinnbringend eingesetzt werden. Diese sind:

1. Beschränkung auf Normkonformität
2. Fehlende Sinnhaftigkeit und fehlende Auditstrategie
3. Planungen der durchgeführten Audits (Auditprogramme) sind nicht risikobasiert
4. Auditprozess sowie dazugehörige Methoden und Tools sind zu kompliziert
5. Mangelhafte Durchführung von einzelnen Audits
6. Fehlender Einbezug von Prozessverantwortlichen und Mitarbeitenden
7. Mangelhafte Nachbereitung und Reviews
8. Fehlender Mut, Unterstützung zu holen

Die genannten acht Hauptgründe werden wir nun Punkt für Punkt erläutern.

Quicktipp

Die Bemerkungen oder Fragen in Deinem Umfeld sagen dir, welche Schmerzpunkte oder Sorgen Menschen in Deinem Umfeld haben. Nimm diese Schmerzpunkte ernst und finde heraus, ob diese gerechtfertigt sind. Falls möglich, erforsche die Grundursache und lasse diese Bedenken nicht einfach so stehen. Sprich mit den Menschen, die sich äußern, und gib ihnen Rückmeldung, wie Du gedenkst, mit ihren Äußerungen umzugehen. Du kannst nur Menschen im Unternehmen für Audits gewinnen, wenn Du ihre Bedenken und Ängste ernst nimmst.

1.1 Acht Gründe, warum die meisten Audits scheitern

1.1.1 Beschränkung auf Normkonformität

Audits, die nur die Norm erfüllen, bringen keinen gesteigerten Mehrwert. Mit der Erfüllung der Normkonformität meinen wir, wenn Audits nur aus dem Grund durchgeführt werden, um einmal im Jahr eine Bestätigung von Zertifizierungsgesellschaften zu holen, dass die Norm erfüllt ist. Es werden lediglich Fragelisten abgehakt, um eine erfolgreiche Zertifizierung zu erreichen.

Die meisten Unternehmen übersehen, dass die ISO 9001 interne Audits fordert, nicht nur um festzustellen, dass die Norm erfüllt ist, sondern auch um festzustellen, ob interne Anforderungen bzw. eigene Vorgaben erfüllt sind und ob das Managementsystem wirksam ist. Mit anderen Worten: ob das Managementsystem zur Zielerreichung des Unternehmens beiträgt.

Audits tragen in den seltensten Fällen dazu bei, Schmerzpunkte des Unternehmens zu identifizieren, um diese wirksam zu lösen. Kein Wunder, dass Du irgendwann auch keine Lust mehr darauf hast.

Dabei sind Audits mächtige Instrumente zur Potenzialanalyse in der gesamten Kette der Kunden- und Lieferantenprozesse. Audits tragen unter anderem dazu bei,

- Chancen und Risiken der eigenen Organisation mit deren Produkten und Prozessen sowie bei den Lieferanten zu erfassen, um relevante Maßnahmen festzulegen,
- Prozessleistung zu bewerten,
- Änderungen in den Abläufen auf ihre Umsetzung zu überprüfen.

> Sich nur auf die Erfüllung der Normkapitel zu beschränken, ohne dabei die Anforderungen Deines Unternehmens umfassend zu integrieren, machen Audits zur Alibiübungen. Diese Alibiübungen verursachen unnötige Aufwände und Frustration intern - sowohl bei internen Auditoren als auch bei den Auditierten bzw. bei Lieferantenauditoren und auch bei den Lieferanten.

1.1.2 Fehlende Sinnhaftigkeit, fehlende Strategie

Du erhältst einen Auditauftrag: „Mach doch bitte mal ein Audit“ (intern oder bei einem Lieferanten). Schnell wirst Du feststellen, dass nicht klar ist, warum Du das Audit durchführen sollst. Der Zweck und der erwartete Nutzen zu diesem Auditauftrag sind unklar, außer der Tatsache, dass Du dabei hilfst, die ISO-Norm zu erfüllen. Zudem zweifelst Du daran, ob der Auftrag zur Unternehmensstrategie beiträgt.

Die Geschäftsleitung definiert nicht die Ziele und versteht wahrscheinlich den Sinn nicht.

Demzufolge gibt es auch kein Auditprogramm, in dem die zu planenden Audits mit ihren jeweiligen konkreten Zielen zusammengefasst werden. Es fehlt ein grundlegendes Konzept.

Infolgedessen wirst Du das Audit vielleicht schnell durchführen, aber in einer solchen Weise, dass Du die Sinnhaftigkeit auch nicht vor Ort bei den Auditierten weitergeben kannst.

> Warum die meisten Audits nicht funktionieren, hängt damit zusammen, dass die Sinnhaftigkeit für die jeweiligen Organisationen nicht geklärt wurde. Es werden kaum die Fragen beantwortet: Warum machen wir in erster Linie Audits und warum haben wir dieses spezifische Audit geplant?

Die Zertifizierung nach der ISO 9001 ist vielleicht der Anlass gewesen. Nach Durchführen eines Audits ist diese Art zu auditieren langweilig für jeden Involvierten. Viele Geschäftsleitende, Auditoren und QM-Verantwortliche haben keine Auditstrategie, um die Sinnhaftigkeit konsequent zu kommunizieren.

Eine Auditstrategie setzt voraus, dass Du bereit bist, Dich mit den Problemen und Herausforderungen Deines Unternehmens auseinanderzusetzen und zu verstehen und Dir dann die Frage zu stellen:

Wie können wir Audits so gestalten, dass sie uns in erster Linie weiterbringen?

Dabei ist es keine große Sache, sich mit dem Warum und mit der Sinnhaftigkeit sowie Relevanz für Dein Unternehmen auseinanderzusetzen, um Audits zielführend zu gestalten.

Es ist die Aufgaben der Führungskräfte, QM-Verantwortlichen und Auditoren, jederzeit die Sinnhaftigkeit von Audittätigkeiten zunächst selbst zu verinnerlichen dann zu vermitteln.

1.1.3 Planungen von durchgeführten Audits sind nicht risikobasiert

In der Planung von einzelnen Audits wird oft nur der Zeitfaktor angeschaut: Hauptsache, ein Audit ist gemacht. Die Devise: Möglichst wenig Zeit bei den Auditierten verbringen, um ja kein Tagesgeschäft zu stören. Dies ist zwar ein wichtiger Aspekt, jedoch ist dieser Aspekt sehr einseitig betrachtet. Es fehlen oft Ziele- und Nutzenorientierung.

Die Planung von mehreren Audits für eine Periode, auch Auditprogrammverwirklichung genannt, ist stark getrieben von externen Auditoren. Sie stellt in den meisten Fällen sicher, dass alle Prozesse und alle Normpunkte innerhalb einer Periode auditiert werden. Das ist auch sinnvoll und jedoch auch hier zu einseitig betrachtet. Denn nicht jeder Prozess stellt ein signifikantes Risiko dar. Nicht alle Auditziele sind für jeden Prozess oder für jedes Produkt anwendbar.

> Die Auditprogrammsteuerung bzw. Planung von mehreren Audits pro Periode soll und darf risikobasiert sein.

Hierbei handelt es sich nicht nur um planungstechnische und organisatorische Themen, sondern auch um inhaltliche Risiken und Chancen des Unternehmens. Die Auswahl von Auditzielen und Schwerpunkten für eine Planungsperiode, basierend auf einer Chancen- und Risikenbetrachtung, ist das A und O.

Was die meisten Unternehmen zum Zeitpunkt des Schreibens dieses Buches bewegt, ist die Digitalisierung. Ein Audit kann sehr gut hierzu eingesetzt werden, um eine Digitalisierungsstrategie erfolgreich umzusetzen oder deren Umsetzung vorzubereiten

Risikobasiert bedeutet, dass wir ein Gesamtbild haben über das, was uns aktuell beschäftigt. Wir wissen, welche internen Themen und externe Themen Risiken darstellen und in welchem Ausmaß. Beispielsweise was bedeuten der Fachkräftemangel, die Digitalisierung, die gesellschaftliche Entwicklung? Die Auswirkungen von Ereignissen werden zunächst überprüft. Welche Chancen dürfen wir auf keinen Fall verpassen und warum? Anschließend werden diese priorisiert.

Risikobasiert bedeutet auch zu hinterfragen, ob genügend Ressourcen (fachlich, zeitlich, finanztechnisch) zur Verfügung stehen und ob die Durchführung grundsätzlich gefährdet ist!

Ohne risikobasierte Planung können sich Unternehmen nicht mit Audits verbessern. Lediglich wird von Jahr zu Jahr bestätigt, dass Audits durchgeführt werden und dass sie normkonform arbeiten.

1.1.4 Auditprozess, Methoden und Tools zu kompliziert

Ein Auditprozess, der zu kompliziert ist, wird weder verstanden noch gelebt.

Um effektiv zu sein, brauchen Menschen einen Spaßfaktor. Die Auswahl von Methoden und Tools (zu verwendende Auditdokumente oder Applikationen) darf daher auch leicht für jeden sein: und zwar bei der Erstellung und Aufrechterhaltung dieser Tools als auch bei ihren Anwendungen.

> Die Umsetzung eines Auditprozesses sowie die Anwendung der Methoden und Tools müssen möglichst einfach und leicht sein.

Ist der Auditprozess nicht einfach, gibst Du schnell auf, und Du kannst kaum jemanden damit trainieren. Sind die einzusetzenden Tools nicht einfach, wendest Du sie nicht an. Damit hast Du auch keinen Spaß daran und auch keinen Mehrwert für Dein Unternehmen.

1.1.5 Mangelhafte Durchführung

Eine Auditdurchführung ist mangelhaft, wenn Du nicht zu einem Auditergebnis kommst, das Dein Unternehmen voranbringt.

Um das gewünschte Auditergebnis zu erreichen, sind mehrere Aspekte wichtig:

- Durchführungsmethode
- ausreichende Informationen
- Abholen der Beteiligten – nur dann liefern sie die nötigen Informationen.
- Fähigkeiten/Kompetenz der Auditorin/des Auditors

Ist einer oder mehrere der Punkte nicht erfüllt, kann dies bedeuten, dass Gespräche sehr zäh verlaufen, nicht die relevanten Aspekte beinhalten, die Auswahl der Auditsequenzen bzw. der Stichprobe nicht zielführend ist etc. Es kann aber auch sein, dass der Auditor seine Position nutzt, um Menschen „klein zu machen". Also dass die Macht, die mit einem Audit einhergeht, missbraucht wird.

Weiterhin fehlt es an Kontinuität. Die Maßnahmen aus den Audits werden weder priorisiert noch richtig platziert. Die Chance, beim nächsten Audit die vergangenen Ergebnisse zunächst anzusprechen, wird kaum genutzt.

> Du entscheidest als Auditor mit Deinem Auftreten viel darüber, ob die Auditierten das Audit als Mehrwert sehen oder nicht.

Auditoren sind keine Polizisten oder Erbsenzähler. Ob bei internen oder aber bei Lieferantenaudits, ein Audit ist ein Gespräch auf Augenhöhe. Wie können Menschen Dir gegenüber offen sein, wenn Du ihnen weder Raum gibst noch sie wertschätzt?

Die Durchführung am „Ort des Geschehens" kommt dabei nach wie vor zu selten vor. Häufig wird nur die prozessverantwortliche Person in einem Sitzungszimmer auditiert. Sehr wahrscheinlich kann die Fachfrau oder der Fachmann am Ort des Geschehens mehr sagen und ist meist auch interessiert daran, interviewt zu werden.

Audits sind immer eine Stichprobenprüfung und erheben deshalb keinen Anspruch auf Vollständigkeit. Daher ist es sinnvoll, sich ausgehend vom Auditziel darauf zu konzentrieren, auch die Stichprobe zu nehmen, die wirklich relevant ist.

1.1.6 Fehlender Einbezug von Prozessverantwortlichen und Mitarbeitenden

Viele Projektmanager wissen mittlerweile, dass wenn ein Projekt scheitert, der Grund häufig an dem Umgang mit Menschen oder an der Projektorganisation und nicht an der Technik liegt. Dennoch fällt es nach wie vor schwer, Menschen mit einzubeziehen und ihre Bedürfnisse zu berücksichtigen.

> Menschen sind der Erfolgsfaktor, auch bei Audits.

Der Einbezug von Personen wird u. a. ermöglicht durch:

- Kommunikation der Sinnhaftigkeit
- Bei neuem Konzept, Prozess oder Tool: Menschen von Beginn an involvieren, eine Funktion oder eine Umsetzung zu testen

- Pilotteam zusammenzustellen, damit Du Multiplikatoren hast
- Information über die Prozessschritte, Themen richtig platzieren

Zudem nimmt dieser Schritt des Einbeziehens Menschen Angst weg. Nur so gestalten sie Neuerungen mit, anstatt diese abzulehnen. Bekanntes verschwindet, Neues muss erst erlernt werden. Das ist mit Unsicherheit verbunden, und Unsicherheit ist mit Angst verbunden. Werden Menschen einbezogen, verändert dies die Wahrnehmung in eine positive Richtung.

Weiterhin gilt: Der Auditor ist nicht die „die eierlegende Wollmilchsau". Die Welt danach hängt stark davon ab, ob die Maßnahmen aus den Audits umgesetzt werden. Nur wenn die Verantwortlichen miteinbezogen werden und die Sinnhaftigkeit klar ist, werden sie auch auf Dauer die notwendigen Maßnahmen verfolgen.

Die konstruktive Mitarbeit der Auditierten ist deshalb unerlässlich, um die Vorgehensweise spezifisch in Deinem Kontext zu klären und nachhaltige Maßnahmen festzulegen. In jedem Prozessschritt gilt es, Menschen abzuholen.

Quicktipp

Frage doch einmal in Deinem Unternehmen, wie Audits wahrgenommen werden und wie Du die Wahrnehmungsfähigkeit über diese verbessern kannst. Bereite Dich gut vor und plane die Umsetzung. Wenn Du gute Rückmeldungen erhältst, diese aber nicht zur Verbesserung mit einfließen lässt, verlierst Du diese Menschen und deren Akzeptanz.

1.1.7 Mangelhafte Nachbereitungen und Reviews

Obwohl das PDCA-Modell (*Plan Do Check Act*) in keiner Qualitätsmanagementschulung fehlt und die Anforderungen der meist verwendeten ISO-Normen auf diesen Grundgedanken basieren, wird die Anwendung in der Praxis häufig vergessen.

Eine zielorientierte Nachbereitung ist Voraussetzung für gewinnbringende Erkenntnisse.

Die wenigsten fragen sich, wie sie Audits das nächste Mal besser machen können. Diese einfachsten Fragen werden nicht gestellt:

- Was passiert mit den Maßnahmen?
- Sind Reviews und Nachbereitungen geplant?
- Wie waren die Audits ganzheitlich betrachtet? Sind die Auditziele erreicht worden?

- Wie war meine Leistung?
- Wie empfand ich die Handhabung der Dokumente?

Wir stellen u. a. im Verlauf von Inhouse-Schulungen, internen Audits, Lieferantenaudits immer wieder fest:

- Die Erkenntnisse aus den Audits werden nicht in Managementbewertungen thematisiert. Loops werden selten geschlossen.
- Der Auditprozess wird nicht hinterfragt.
- Die Auditoren und Auditorinnen selbst fragen sich nicht, was sie besser machen können. Vielleicht wissen sie auch, dass nur sie sich damit schwertun, weil das ein undankbarer Job ist.

Die Kunst ist es, einfach zu starten und bereit zu sein für die eigene Reflexion sowie für sachliche Reviews im Team. Schritt für Schritt, sich persönlich zu verbessern, macht Freude.

1.1.8 Fehlender Mut, Unterstützung zu holen

Keiner ist stark in allen Bereichen. Manchmal fehlt es nur an Ressourcen oder einem spezifischen Know-how, um mit Audits wirksam zu sein. Die meisten Menschen und Unternehmen tun sich schwer damit, Unterstützung zu holen. Dabei gibt es viele Berater und Mentoren, die im Bereich Auditieren mit Wissen oder Zeitressourcen sehr gut helfen können, damit Du endlich Audits gewinnbringend einsetzt.

Du als Auftraggeber legst die Voraussetzung für eine gute und erfolgreiche Zusammenarbeit fest. Wenn Erwartungen klar definiert sind, steht Dir für eine gelungene Zusammenarbeit mit Externen nichts im Wege.

Quicktipp

Halte in Deinem Auditprozess fest, dass Audits auch durch externe qualifizierte Personen im Auftrag Deines Unternehmens durchgeführt werden können. Die Qualifikation von Externen wird selbstverständlich durch Dein Unternehmen überwacht. Das gibt Dir Spielraum.

Für die Punkte 1 bis 7 werden wir die Antworten liefern, damit Audits bei Dir auch gut funktionieren. Für den Punkt 8 frage Dich selbst, inwieweit ihr offen seid für eine sinnvolle und gewinnbringende Unterstützung von außen.

Noch etwas: Die Ursache-Lösung-Vorgehensweise ist sehr essenziell, damit Du die richtigen Themen ansprichst. Es kann sein, dass Du andere Grundursachen hast, warum Audits bei Dir im Unternehmen nicht funktionieren. Finde sie zuerst heraus, bevor Du eine Verbesserung initiierst.

1.2 Reflexionsfragen

Bevor wir Dir die Grundlagen der Audits für ein gemeinsames Verständnis vorstellen, laden wir Dich ein, in Deinem Kontext zu reflektieren.

Beantworte bitte diese Fragen:

1. Was funktioniert sehr gut bei Dir im Unternehmen, wenn Du an Audits denkst? Berücksichtige dabei die Aspekte im gesamten Auditprozess, seitens der Menschen, des Beitrags zur Unternehmensstrategie und weitere für Dich relevante Themen.
2. Welche der acht genannten Gründe treffen bei Dir im Unternehmen zu?
3. Was möchtest Du konkret davon in den nächsten zwei Monaten ändern, um mit Audits einen Beitrag zur Zielerreichung zu leisten?

2 Grundlagen Audits – ein Überblick

In diesem Kapitel erhältst Du Grundlagen zum Thema Audits. Begrifflichkeiten im Zusammenhang mit der Auditierung werden erläutert. Wir fokussieren uns auf die internen Audits und Lieferantenaudits und gehen auf die Besonderheiten dieser beiden Auditarten ein. Mit reflektierenden Fragen schließt Du das Kapitel „Auditgrundlagen" ab.

2.1 Was ist ein Audit?

Diese Frage hast Du Dir bestimmt schon einmal überlegt oder bist Du von jemandem gefragt worden. Es ist Dir vermutlich nicht leichtgefallen, dies mit einfachen Worten zu beantworten.

Zunächst schauen wir uns die allgemeine Begriffserklärung eines Audits an. Der Begriff Audit leitet sich vom lateinischen Verb „audire" ab und bedeutet „hören" bzw. „zuhören".

Die ISO 9000 liefert folgende Definition (ISO 9000:2015, 3.13.1):

> ✓ Ein Audit ist ein „systematischer, unabhängiger und dokumentierter Prozess zum Erlangen von objektiven Nachweisen und zu deren objektiver Auswertung, um zu bestimmen, inwieweit Auditkriterien erfüllt sind".

Das klingt auf den ersten Blick etwas abstrakt und theoretisch verfasst. Schauen wir uns die vorher genannten Begriffe etwas genauer an und erhalten eine einfachere Erklärung.

Systematisch steht für ein planbares, methodisches und zielorientiertes Vorgehen.

Mit **Unabhängigkeit** ist mit der Unparteilichkeit des Auditors die folgende Bedingung erfüllt: Auditoren müssen während ihrer Audittätigkeit frei von Voreingenommenheit und Interessenkonflikten sein.

Mit einem **dokumentierten Prozess** ist gemeint, dass der Ablauf des Audits sowie die gewonnenen Erkenntnisse festgehalten werden sollten.

Unter **objektiver Auswertung** wird ein sachliches und auf Tatsachen basierendes Vorgehen verstanden. Die Auswertung erfolgt aufgrund von Zahlen, Daten und Fakten.

Auditkriterien sind Vorgaben, und **objektive Nachweise** sollten kontextbezogen und vor allem auf den Auditzielen (= Zweck bzw. Absicht des Audits) basierend ermittelt werden. Das Auditziel definiert den Auftrag für das jeweilige Audit.

Mit einer Vorgabe sind beispielsweise gemeint:

- Materialzeichnung, Stückliste, Materialdatenblatt
- Arbeitsanweisung
- Liefervorschrift

Es braucht also eine Grundlage oder auch Auditkriterien genannt, die das Soll beschreibt.

Deshalb gilt: Ohne Grundlage keine Bewertung.

So weit, so gut. Für diejenigen, für die diese Art der Verständniserklärung immer noch nicht nachvollziehbar ist, haben wir eine noch einfachere Erklärung.

> Bei einem Audit geht es grundlegend um eine Momentaufnahme. Ein Vergleich zwischen Anforderung und Umsetzung in der Praxis - von der Vorgabe und deren Erfüllung. Oder einfach eine Analyse der Ist-Situation.

Entscheide selbst, welche Variante der Begriffserklärung Dir am besten gefällt.

Nachdem wir den Begriff „Audit" durchleuchtet haben, schauen wir uns im nächsten Abschnitt an, warum Audits einen Nutzen bringen sollten.

2.2 Warum Audits Nutzen bringen

Durch systematisch durchgeführte Audits kann ein hoher Nutzen bewirkt werden. Dazu ist vorgängig zu verstehen, was das Ziel von Audits sein kann.

2.2.1 Was ist das Ziel von Audits?

Oder: *Wozu tragen Audits bei? Wie soll der Soll-Zustand nach einem Audit sein?*

Das Ziel eines Audits ist es festzustellen, ob Prozesse und Tätigkeiten gemäß den geplanten Vorgaben erfolgen. Darüber hinaus erhalten wir eine Aussage darüber, ob die vorhandenen Vorgaben und Regelungen weiterhin zweckmäßig und auch wirtschaftlich sind. Somit fördern z. B. interne Audits die Einhaltung der Unternehmensziele und stellen sicher, dass die Steuerung der Prozesse reibungslos funktioniert. Dies führt zwangsläufig dazu, dass die Qualität der Produkte oder Dienstleistungen kontinuierlich verbessert wird und damit ebenso die Kundenzufriedenheit.

Schauen wir uns das Ziel eines Audits aus zwei Perspektiven an, die der strategischen und der operativen Sichtweise, und stellen uns die Frage:

Wie helfen uns Audits aus strategischer und operativer Sichtweise?

Aus strategischer Sicht können folgende Punkte weiterhelfen:

- Überprüfung der Kernprozesse und deren Nutzen für den Kunden
- Ermitteln von Verbesserungspotenzialen und Aufnahme der Stärken
- Die Wirksamkeit des Managementsystems
- Die Erfüllung von Gesetzen, Richtlinien und Normen
- Umgang mit technischen Änderungen
- Beurteilung der Entwicklungskompetenz und der Entwicklungskapazität von Lieferanten

Aus operativer Sicht können folgende Punkte weiterhelfen:

- Überprüfen einer Prozessbeschreibung auf die tatsächliche Umsetzung
- Überprüfen, ob die vor zwei Monaten revidierte Zeichnung des Lieferanten in den internen Vorgaben eingearbeitet wurde
- Überprüfen, ob die aus dem letzten Audit umgesetzten Maßnahmen wirksam sind

Gehen wir weiter zu der Frage des Nutzens eines Audits. Dazu sind häufig Gespräche mit der Geschäftsführung und anderen Führungspersonen sowie eine eindrückliche Erklärung nötig.

2.2.2 Was ist der Nutzen von Audits?

Was denkst Du, warum Audits überhaupt notwendig sind und was der Nutzen ist? Wenn wir darüber nachdenken, kann dies mehrere Gründe haben.

Zunächst werfen wir einen Blick zurück. Die Norm ISO 9001 für Qualitätsmanagementsysteme forderte bereits seit der ersten Ausgabe 1994 „interne Qualitätsaudits". Eine lange Zeit, in der sich einiges in der Welt der Auditierung getan hat.

Das Audit wird immer flexibler, zielgerichteter und wirkungsvoller eingesetzt. Ein großer Erfahrungsschatz hat sich über die Jahre hin aufgebaut.

Das Audit dient meist verbreitet dazu, mit den folgenden Aufzählungen einen Nutzen zu generieren:

- Der Klassiker schlechthin: Die Erfüllung der Normanforderungen von folgenden Beispielen:
  - ISO 9001 (Qualitätsmanagementsystem)
  - IATF 16949 (Qualitätsmanagementsystem Automobilindustrie)
  - ISO 13485 (Qualitätsmanagementsystem für das Design und die Herstellung von Medizinprodukten)
  - ISO 14001 (Umweltmanagementsystem)
  - ISO 45001 (Arbeitsschutzmanagementsystem)
  - ISO 50001 (Energiemanagementsystem)
  - ISO 27001 (Informationssicherheitsmanagementsysteme)
- Das Image des Unternehmens zu schützen
- Den Kundenanforderungen gerecht zu werden
- Chancen und Risiken einer Organisation erkennen (risikobasierter Ansatz)
- Produkt- und Prozessrisiken zu minimieren
- Verbesserungsvorschläge anzuregen
- Prozessleistungen ganzheitlich aufzunehmen und zu verbessern
- Die Effektivität und Effizienz von Aufbau- und Ablauforganisationen zu reflektieren

Effektivität vs. Effizienz – Wo liegen die Unterschiede?

Um der in der Praxis häufig vorkommenden Verwechslung der Begriffe entgegenzuwirken, nachstehend eine Erklärung beider Begriffe im Auditkontext:

- **Effektivität**: Richtige Ziele setzen und verfolgen
  Auditbezogene Beispiele:
  - Richtiges Audit anhand von Risikoeinschätzung auswählen
  - Richtiges Auditteam auswählen
- **Effizienz**: mit möglichst geringem Mitteleinsatz/Aufwand die Ziele erreichen
  Auditbezogene Beispiele:
  - Risiken erkennen und minimieren
  - Präventive Verbesserungspotenziale aus dem Audit erkennen, um Fehlerkosten zu reduzieren
  - Nicht wertschöpfende Tätigkeiten erkennen und reduzieren bzw. eliminieren

Diese Beispiele dürften den meisten von uns Auditorinnen und Auditoren bekannt vorkommen. Aber ob sie in jedem Kontext einen Mehrwert bieten, ist zu hinterfragen.

Es gibt noch weitere Ansatzpunkte der wirksameren und zielorientierten Anwendung von Audits, die im Folgenden abgeleitet werden:

- Verschwendungen aufspüren
- Spitzenleistungen erkennen und in andere Bereiche einer Organisation transferieren
- Prozessverantwortliche bieten für die Audits klar definierte Prozesse mit Kennzahlen.
- Prozessverantwortliche geben die Audits proaktiv in Auftrag, sind Treiber für die Umsetzung der Maßnahmen im Sinne von KVP (Kontinuierlicher Verbesserungsprozess).
- Mitarbeitende stellen ihre Arbeit und ihre Prozesse unter Mitwirkung des Audits aus dem Alltag vor (Beispiele: Vorher/Nachher, Gut- und Verbesserungspotenziale).
- Verwendung im modernen Lieferantenmanagement zur Lieferantenauswahl und Lieferantenentwicklung
- Digitalisierungsprojekte und -transformationen
- Unternehmenswissen sichern und dokumentieren (Aufbau und Ausbau von Wissensmanagement)
- Reifegrad eines Prozesses aufnehmen und bewerten (Soll-Ist-Abgleich)
- Aktiver Teil der Managementbewertung

2.3 Relevante Begriffe

Im Folgenden findest Du ausgewählte Begrifflichkeiten rund um das Thema Audit erläutert. Weiterführende Begriffe sind in den jeweiligen Kapiteln den entsprechenden Themen zugeordnet und eventuell nochmals zum besseren Verständnis wiederholt aufgeführt.

In der Praxis werden häufig Begriffe verwechselt. Der Klassiker unter den häufigsten Missverständnissen ist die Verwechslung vom Auditprogramm 3.4 und Auditplan 3.6.

In diesem Buch stützen wir uns auf die Begriffe der DIN EN ISO 19011 (Kapitel 3). Die ISO 19011 ist ein Leitfaden für die Auditierung von Managementsystemen, z.B. die ISO 9001 und anderen Managementsystemen. Sie beinhaltet die Prinzipien der Auditierung, der Steuerung eines Auditprogramms und der Durchführung von Audits.

Audit - ISO 19011, Abschnitt 3.1

> Systematischer, unabhängiger und dokumentierter Prozess zum Erlangen von objektiven Nachweisen (3.8) und zu deren objektiver Auswertung, um zu bestimmen, inwieweit Auditkriterien (3.7) erfüllt sind.

Auditprogramm - ISO 19011, Abschnitt 3.4

> Festlegungen für einen Satz eines oder mehrerer Audits, die für einen spezifischen Zeitraum geplant werden und auf einen spezifischen Zweck gerichtet sind.

Ergänzend zum Begriff: Auditprogramm - eine Übersicht über alle Auditaktivitäten während eines bestimmten Zeitraums (z.B. Jahresplanung) eines Unternehmens.

> **Quicktipp**
> Liste im Auditprogramm sowohl die internen als auch die externen Audits auf. Somit behältst Du gesamthaft den Überblick.

Auditumfang - ISO 19011, Abschnitt 3.5

> Ausmaß und Grenzen eines Audits (3.1).

Auditplan - ISO 19011, Abschnitt 3.6

> Beschreibung der Tätigkeiten und Vorkehrungen für ein Audit.

Ergänzend zum Begriff: eine detaillierte Übersicht aller Aktivitäten und Festlegungen eines geplanten Audits.

Auditkriterien - ISO 19011, Abschnitt 3.7

> Satz von Anforderungen, die als Bezugsgrundlage (Referenz) verwendet werden, anhand derer ein Vergleich mit dem objektiven Nachweis (3.8) erfolgt.

Ergänzend zum Begriff: Welche Vorgaben sollen erfüllt werden?

Auditkriterien werden aus dem Auditziel abgeleitet. Sie beschreiben die Vorgaben, auf die die Einhaltung hin überprüft wird. Ein gängiges und praktisches Beispiel ist die ISO 9001. Dort wird z.B. bei einem Zertifizierungsaudit geprüft, ob die Auditkriterien (also die Anforderungen der ISO 9001) im Unternehmen tatsächlich umgesetzt werden. Weitere Kriterien sind Kundenanforderungen, interne Richtlinien, Arbeitsanweisungen, Leistungsindikatoren, Gesetze und behördliche Vorschriften, Unternehmensziele.

Objektiver Nachweis – ISO 19011, Abschnitt 3.8

> Daten, welche die Existenz oder Wahrheit von etwas bestätigen.

Ergänzend zum Begriff: Auditnachweise sind Informationen, die für das jeweilige Auditkriterium relevant sind. Diese sind objektiv überprüfbar oder einfach nachweisbare Beispiele. Wenn einem Auditor eine Tatsache behauptet wird (Beispiel: Wir haben Qualitätsziele festgelegt), dann benötigt er dafür einen objektiven Auditnachweis (Beispiel: Wir zeigen ihm eine Übersicht der festgelegten Qualitätsziele mit den entsprechenden Kennzahlen).

Auditnachweis – ISO 19011, Abschnitt 3.9

> Aufzeichnungen, Tatsachenfeststellungen oder andere Informationen, die für die Auditkriterien (3.7) zutreffen und verifizierbar sind.

Auditfeststellung – ISO 19011, Abschnitt 3.10

> Ergebnisse der Beurteilung der zusammengestellten Auditnachweise (3.9) gegen Auditkriterien (3.7).

Ergänzend zum Begriff: Eine Auditfeststellung ist das Ergebnis der Beurteilung der zusammengestellten Auditnachweise gegenüber den Auditkriterien. Sie zeigen Konformität oder Nichtkonformität mit den Auditkriterien und ggf. Potenziale zur Verbesserung auf.

Auditschlussfolgerungen – ISO 19011, Abschnitt 3.11

> Ergebnis eines Audits (3.1) nach Berücksichtigung der Auditziele und aller Auditfeststellungen (3.10).

Auditauftraggeber – ISO 19011, Abschnitt 3.12

> Organisation oder Person, die ein Audit (3.1) anfordert.

Konformität – ISO 19011, Abschnitt 3.20

> Erfüllung einer Anforderung (3.23).

Ergänzend zum Begriff: Konformität bedeutet Übereinstimmung mit Anforderungen, also den Auditkriterien.

Nichtkonformität – ISO 19011, Abschnitt 3.21

> Fehler. Nichterfüllung einer Anforderung (3.23).

Ergänzend zum Begriff: Nichtkonformität bedeutet die Nichtübereinstimmung mit den Anforderungen, also den Auditkriterien.

Anforderung – ISO 19011, Abschnitt 3.23

> Erfordernis oder Erwartung, das oder die festgelegt, üblicherweise vorausgesetzt oder verpflichtend ist.

2.4 Welche Auditarten und Settings es gibt

Bei den Auditarten im Qualitätsmanagement wird unterschieden zwischen internen und externen Audits. Einer der wesentlichen Unterschiede ist die Zweckmäßigkeit.

2.4.1 Internes Audit vs. externes Audit

Internes Audit

Der Zweck des internen Audits liegt darin, die eigenen Grundlagen und Anforderungen zu stabilisieren und zu optimieren. Daher ist das interne Audit ein wesentlicher Bestandteil des kontinuierlichen Verbesserungsprozesses (KVP) im Unternehmen. Das interne Audit wird in der Regel von einem internen Auditor durchgeführt.

Deshalb heißt es auch „1st Party Audit“. In diesem Fall ist nur eine Partei involviert, nämlich das Unternehmen selbst. Der Auditor ist entweder ein Mitglied der Organisation oder ein durch die Organisation beauftragter Auditor. Dies kann zum Beispiel ein externer Berater sein, der mit der Betreuung des Qualitätsmanagementsystems beauftragt wurde.

Der Auftraggeber des Audits ist Dein Unternehmen selbst.

Externes Audit

Externe Audits teilen wir auf in 2nd Party und 3rd Party Audits. Wenn Du Deinen Lieferanten auditierst, sprechen wir von einem „2nd Party Audit“, wenn es eine Kunden-Lieferanten-Beziehung ist.

Der Kunde und der Lieferant sind mit dem Zweck involviert, die Fähigkeit der Einhaltung der Kundenanforderungen zu prüfen. Der Auftraggeber ist in der Regel der Kunde des Kunden oder der Kunde selbst.

Wenn eine unabhängige Stelle wie z. B. bei einem Zertifizierungsaudit ein Audit durchführt, dann reden wir von einem „3rd Party Audit“. Dieses verfolgt den Zweck der Zertifizierung nach einem Managementsystem, z. B. der ISO 9001. Der Auftraggeber ist in der Regel der Kunde des auditierten Unternehmens. Es kann jedoch vorkommen, dass eine Behördenüberprüfung vorkommt. Der Auftraggeber variiert hier.

Tabelle 2.1 zeigt zusammengefasst die verschiedenen Auditarten gemäß der ISO 19011.

Tabelle 2.1 Interne und externe Auditarten

<table>
<tr><th>Internes Audit
(1st Party Audit)</th><th colspan="2">Externes Audit</th></tr>
<tr><td rowspan="2">Wird intern in regelmäßigen Abständen durchgeführt und dient dem eigenen Zweck (Selbstprüfung).</td><td colspan="2">Das externe Audit findet im Auftrag des Kunden beim Lieferanten statt.</td></tr>
<tr><td>Kunden-/Lieferantenaudit
(2nd Party Audit)
Findet Verwendung zur Lieferantenauswahl und Lieferantenentwicklung.</td><td>Zertifizierungsaudit/Behördenaudit
(3rd Party Audits)
Von einer dritten, externen Partei, z. B. einer Zertifizierungsgesellschaft, wird eine unabhängige Prüfung eines Managementsystems, z. B. nach der ISO 9001, auf Normkonformität durchgeführt.</td></tr>
</table>

2.4.2 Auditarten mit spezifischem Fokus

Neben der Unterscheidung zwischen internen und externen Audits können auch weitere Auditarten mit einem spezifischen Fokus bzw. Auslöser unterschieden werden. In der Regel folgt die Unterscheidung im Kontext zum Auditauftrag mit unterschiedlichen Zielsetzungen (Tabelle 2.2).

Tabelle 2.2 Auditarten mit spezifischem Fokus

Auditart	Kriterien/Auslöser	Beispiele von Zielen
Systemaudit	Systemvorgaben, Regelwerke. Können interne oder externe Audits sein (Zertifizierungs- und Behördenaudits).	Beurteilung einzelner Elemente eines kompletten QM-Systems auf Vollständigkeit, Richtigkeit, Anwendung und Wirksamkeit (Bezug: Regelwerk z. B. die ISO 9001, IATF 16949, ISO 13485). Empfehlenswert: Aspekte aus Umweltschutz und Arbeitssicherheit mit einbauen.
Prozessaudit/ Verfahrensaudit	Prozessbeschreibungen, Verfahrensanweisungen, weitere interne Vorgaben. Maßnahmen aus 8D-Reports.	Überprüfung aller bzw. ausgewählter Prozesse und Abläufe auf Zweckmäßigkeit und Einhalten der Vorgaben z. B. bestimmter Spezifikationen, Prozessbeschreibungen oder Verfahren- und Arbeitsanweisungen aus Beschaffungsprozess, Produktionsprozess als Bestandteil des Qualitätsmanagementsystems.
Produktaudit	Produktspezifikation/ Kundenreklamation.	Überprüfung von Produkten während und/oder nach Herstellung auf Einhaltung und Erfüllung der Kundenanforderungen.
Projektaudit	Projektvorgaben/Kundenprojekt.	Überprüfung von Projekten auf die Effektivität und Effizienz.

2.4.3 Vor Ort vs. remote

Welches Setting wähle ich für die Durchführung meines Audits aus? Ein Vor-Ort-Audit oder doch lieber ein Remote Audit durchführen?

Du und Dein Team habt euch bestimmt schon einmal diese Frage gestellt oder seid sogar aufgefordert worden, Remote Audits durchzuführen.

Aufgrund dessen, dass Remote Audits noch nicht so ausgeschöpft eingesetzt werden, gehen wir etwas näher darauf ein.

In der nachfolgenden Erläuterung beschreibt der ISO-19011-Leitfaden (DIN EN ISO, 2018), dass Audits vor Ort, aus der Ferne (remote) oder in einer Kombination aus beidem durchgeführt werden können. Die Verwendung dieser Methoden sollte angemessen ausgewogen sein, unter anderem auf Grundlage der Berücksichtigung der damit verbundenen Vor- und Nachteile.

Bevor wir zu den Vor- und Nachteilen kommen, schauen wir uns die Begrifflichkeiten **Vor-Ort-Audit** und **Remote Audit** an, bevor die Vor- und Nachteile gegenübergestellt werden.

Vor-Ort-Audit

> Bei einem Vor-Ort-Audit führt der Auditor direkt ein Gespräch mit seinem Gegenüber durch und hat die Möglichkeit, bei Bedarf direkt Zugang zu Informationen zu erhalten. Er kann beliebig viele Stichproben entnehmen, wogegen dies aus der Ferne (remote) nur begrenzt möglich sein kann. ▪

Remote Audit

> Der Auditor ist nicht direkt vor Ort beim auditierten Unternehmen. Der Auditor und die Auditierten sind über einen Audio-, Video- und Datenaustausch sowie von einem anderen Standort aus miteinander in Verbindung. Ein Auditablauf kann trotz physischer Distanz garantiert werden. Beispielsweise können Dokumente überprüft oder Räumlichkeiten per Videotour besichtigt werden. ▪

Vor der Corona-Pandemie war es fast undenkbar, Audits remote durchzuführen. Nach der Pandemie ist die Art der Durchführung weitestgehend akzeptiert. Aufgrund der zunehmenden Globalisierung und Vernetzung von Unternehmen sind Remote Audits eine attraktive Methode zur Durchführung von Audits geworden.

Die Praxis hat gezeigt, dass z. B. Lieferantenaudits bereits vollständig remote durchgeführt werden können. Der Einsatz dieser Methode sollte jedoch angemessen sein, unter Berücksichtigung der damit verbundenen Vor- und Nachteile.

Welche Vor- und Nachteile können Remote Audits einer Organisation bieten?

Tabelle 2.3 zeigt mögliche Vor- und Nachteile auf.

Tabelle 2.3 Vor- und Nachteile eines Remote Audits

Vorteile	Nachteile
Dokumentenprüfung und Austausch von aktuellen Daten	Sichtfeld des Auditors wird durch Auditierten maßgeblich bestimmt „Du siehst nur das, was der Auditierte Dir zeigen möchte."
Kurzfristiges Einbinden von Fachexperten ohne zusätzliche Kosten für An- und Abreise	Zusätzlicher administrativer und technischer Aufwand (Datenschutzrichtlinie, IT-Sicherheitskonzept)
Schnelle Einschätzung einer kritischen Situation und Einleiten von Sofortmaßnahmen zur Risikominimierung	Persönlicher Kontakt und Eindruck gehen verloren
Überprüfung umgesetzter Maßnahmen aus dem letzten Audit	Beobachtungen werden „live" anders wahrgenommen. Gefahr der Verzerrung der Wahrnehmung
Status Projektmanagement	Fehlende Akzeptanz zur generellen Durchführung der Methode

Quicktipp

Im Remote Audit werden nur die Informationen vorgestellt, die die auditierte Organisation bereit ist aufzuzeigen. Das kann unter Umständen nicht der Ist-Situation entsprechen. Mit dem Bewusstsein sollte das Auditteam die Remote-Methode sinnvoll einsetzen und auch kommunizieren.

Wir können Dich nur ermutigen, Remote Audits einzusetzen, anstatt Audits zu verschieben.

2.5 Besonderheiten von internen Audits und Lieferantenaudits

Was sind Besonderheiten sowie auch Vorteile von internen Audits und Lieferantenaudits? Dieser Frage gehen wir in den folgenden Abschnitten nach.

2.5.1 Besonderheiten interner Audits

Mit der Durchführung von internen Audits triffst Du auf Besonderheiten, bei denen Du und Dein Team darauf vorbereitet sein solltest, wie entsprechend damit umzugehen ist. Anhand der Forderung aus der ISO-9001-Zertifizierung wird dies mit Beispielen verdeutlicht.

Was fordert die ISO 9001 zu internen Audits?

Gemäß Kapitel 9.2 internes Audit der ISO 9001 muss das zertifizierte Unternehmen interne Audits in geplanten Abständen durchführen, um Informationen darüber zu erhalten, ob das Qualitätsmanagementsystem (kurz QM-System) die Anforderungen dieser internationalen Norm erfüllt sowie wirksam und aufrechterhalten wird (Kapitel 9.2.1).

Dies ist ebenso hilfreich, um ermitteln zu können, ob die Normanforderungen und die eigenen internen Vorgaben erfüllt werden. Kurz gesagt, ob das implementierte Qualitätsmanagementsystem gelebt wird.

In der Praxis jedoch sieht es oftmals so aus, dass interne Audits nicht in regelmäßigen Abständen geplant und durchgeführt werden. Erst wenn überraschend das jährliche Überwachungsaudit zur Aufrechterhaltung des QM-Systems näher zu rücken droht, kommen Audits in den Blick. So wie sich etwa vorstellen lässt, dass Ostern oder Weihnachten ganz plötzlich vor der Tür steht. Doch sollte ein Unternehmen das regelmäßige Überwachungsaudit nicht als lästige Pflichtveranstaltung ansehen, sondern als Chance der kontinuierlichen Verbesserung. Der KVP-Ansatz innerhalb des Qualitätsmanagements verlangt das. Demnach wäre dies doch ein auf dem Tablett serviertes Geschenk vom Osterhasen oder dem Weihnachtsmann zugleich. Endlich einmal nützliche und wirkungsvolle Auslöser für ein Audit. Eben: Audits mit Gewinn!

Quicktipp

Plane risikobasiert regelmäßige Audits und führe sie im Management Review zusammengefasst auf. Somit läufst Du nicht Gefahr, eine Hauptabweichung zu riskieren.

Schnittstellenübergreifende Unterstützung durch Einbezug von internen Fachpersonen, um Objektivität und Unparteilichkeit sicherzustellen

Um die Objektivität und Unparteilichkeit sicherzustellen, sind ein Co-Auditor bzw. Fachexperten aus anderen Bereichen auszuwählen. Dies setzt voraus, dass Du auf ausreichend personelle Ressourcen zurückgreifen kannst. Traue Dich danach zu fragen. Siehe dazu auch Kapitel 10, „Relevante Kompetenzen von Auditoren“.

Ein Audit ist keine „eierlegende Wollmilchsau“

Wer von den Leserinnen und Lesern kennt die „eierlegende Wollmilchsau“? Hände hoch, bei denen dies zutrifft? In der Praxis gab es bestimmt schon einige Auditorinnen und Auditoren, die dazu schon laut geschrien haben – sicher nicht vor Freude. Angesprochene wissen bestimmt genau, was damit gemeint ist. Anhand des kommenden Beispiels kannst Du Dir vorstellen, warum.

Du erhältst einen Auditauftrag, bei dem Du vor lauter Themen den Fokus und Zweck des Audits nicht erkennen kannst. Das Audit soll dies und das und jenes erfüllen. Es droht die Oberflächlichkeit bei der Durchführung. Hast Du doch vielleicht in einer Deiner Auditorenausbildungen gelernt, dass ein Audit fokussiert und zielorientiert zu planen und durchzuführen ist? Getreu dem Motto: Weniger ist mehr. Wieder einmal sollte das Audit alle Probleme lösen.

Das Audit wird gerne unterschätzt und mit aktuellen Themen überladen. So soll es beispielsweise gleichzeitig Konformität zur ausgewählten Norm sicherstellen, einen Mehrwert zur Verbesserung generieren, die höchst dringende Reklamation eines Kunden lösen, bei der vermutlich die Ursache ein fehlerhaftes Zukaufteil in einer komplexen Lieferkette ist.

Vermutlich kommt der Begriff der „eierlegenden Wollmilchsau" aus dieser beispielhaften Schilderung.

Wer zu viele Erwartungen an ein Audit stellt, riskiert, dass das Audit in dem Versuch, alle Auditkriterien anzusprechen, sehr oberflächlich verläuft. Die behandelten Themen werden dann mit den Auditierten in einem sprintartigen Ablauf durchgezogen, sodass kein Mehrwert für beide Seiten entstehen kann.

Manchmal kann ein anderer methodischer Ansatz wie z. B. eine Ursachenanalyse mithilfe der 5-Why-Methode (auch 5-W-Methode) oder eine Risikoanalyse in Form einer Prozess-FMEA (Fehlermöglichkeits- und Einflussanalyse) zielführender sein als ein Audit.

Vorteile von internen Audits

Die Vorteile von internen Audits sind vielfältig. Ein internes Audit ist ein wichtiges Werkzeug auf dem Weg der kontinuierlichen Verbesserung.

Wenn das interne Audit bewusst eingesetzt wird, hat es den großen Vorteil, für die Auditierten einer Organisation und die Auditoren einen gewinnbringenden Mehrwert zu generieren. Was heißt das? Das heißt, Du bist unabhängiger z. B. in der Analyse Deiner Prozesse und weißt vor allen anderen externen Anspruchsgruppen Bescheid, wo Deine Chancen und Risiken versteckt sind.

Stelle Dir vor, Du wirst ständig durch externe Audits in Form von Überwachungsaudits und Kundenaudits auf Probleme und Schwachstellen hingewiesen. Dies führt Dich automatisch in Stresssituationen und zeitliche Abhängigkeiten mit externen Anspruchsgruppen wie etwa Zertifizierungsgesellschaften und Kunden. Im Zweifel erachtest Du die Vorgehensweise gar nicht als notwendig und zielführend. Dann wähle doch lieber die Variante „regelmäßige Audits fokussiert und risikobasiert" durchzuführen.

Dazu braucht es einen klaren und zielführenden Auditauftrag, der idealerweise von einem risikobasierten Ansatz aus dem Auditprogramm hergeleitet wurde – siehe auch Kapitel 4. Dies führt zu einer massiven Steigerung der Akzeptanz aller Beteiligten. **Durch das interne Audit lernst Du Dein Unternehmen besser kennen!**

2.5.2 Besonderheiten Lieferantenaudits

Mit der Durchführung von Lieferantenaudits triffst Du ebenso auf eine Vielzahl von Besonderheiten, mit denen Du Dich und Dein Team auseinandersetzen solltest. Die Besonderheiten bestehen aus Forderungen sowie Vorteilen. Anhand der ISO 9001 und der IATF 16949 wird die Notwendigkeit zur Durchführung von Lieferantenaudits aufgezeigt und mit Beispielen verdeutlicht.

Was fordert die ISO 9001 zur Durchführung eines Lieferantenaudits?

Die ISO 9001 fordert gemäß Kapitel 8.4 die Steuerung von extern bereitgestellten Prozessen, Produkten und Dienstleistungen. Im Unterpunkt 8.4.1, „Allgemeines“, wird dies detaillierter formuliert. Dazu zählen alle Deine Lieferanten und auch Unterlieferanten innerhalb Deiner definierten Lieferkette.

Es geht hierbei nicht nur um die Lieferanten physischer Dinge wie zum Beispiel Rohmaterialien oder einzelne Bauteile. Das Unternehmen muss für die Anbieter oder Dienstleister aller extern bereitgestellten Prozesse, Produkte und Dienstleistungen eine Lieferantenbeurteilung durchführen, wenn eine der folgenden Kriterien erfüllt wird:

- Gelieferte Produkte bzw. geleistete Dienstleistungen werden in die Produkte oder Dienstleistungen des Unternehmens integriert.
- Produkte oder Dienstleistungen werden durch den Lieferanten direkt dem Kunden des Unternehmens geliefert oder geleistet.
- Ein Prozess wird an einen externen Anbieter ausgelagert.

Die ISO 9001 schreibt bei der Lieferantenbewertung/Lieferantenbeurteilung nur vor, dass etwas in dieser Hinsicht getan werden muss - allerdings nicht das Wie, Was, Wann.

Als zertifiziertes Unternehmen übernimmst Du selbst die Verantwortung.

Es müssen nicht alle Lieferanten bewertet oder beurteilt werden. Beachte die Einflussnahme von Risiken auf die Qualität Deiner Produkte oder Dienstleistungen. Beispielsweise können Lieferanten monatlich mit einem Punktesystem und gewichteten Kriterien risikobasiert mittels einer systematischen Lieferantenbewertung beurteilt werden.

Was fordert die IATF 16949 zur Durchführung eines Lieferantenaudits?

Die IATF 16949 (2016) fordert gemäß Kapitel 8.4.1.2 einen dokumentierten Lieferantenauswahlprozess. Dies bedeutet, dass vor Auftragsvergabe von Produkten und Dienstleistungen eine Bewertung vorhandener Risiken hinsichtlich einer kontinuierlichen und fehlerfreien Belieferung bei den ausgewählten Lieferanten durchgeführt werden muss. Weitere Kriterien sind:

- Auswertung relevanter Daten zur Qualitäts- und Lieferperformance
- Bewertung des QM-Systems des Lieferanten

Die IATF 16949 empfiehlt die Durchführung eines Lieferantenaudits innerhalb eines Lieferantenauswahlprozess zur frühzeitigen Erkennung von Problemen und Reduzierung von Risiken. Beachte ebenso die Einflussnahme von Risiken auf die Qualität Deiner Produkte oder Dienstleistungen.

Lieferantenaudit auftragsbezogen aufwendiger vorbereiten

Hingegen zum internen Audit ist beim Lieferantenaudit darauf zu achten, dass die Vorbereitung aufwendiger sein kann. Je nach Auditauftrag liegt es u.a. darin begründet, dass organisatorische Themen umfangreicher sind, wie z.B. die Terminfindung aufgrund mehrerer Teilnehmender vom Kunden und Lieferanten. Oder verschiedener, geografisch auseinanderliegender Produktionsstandorte.

Weiterhin ist es aufwendiger, sich auf die zu auditierende Organisation eines Lieferanten vorzubereiten. Um die Organisation zu verstehen, hilft es Dir, die Zusammenhänge zwischen Material, Geld und Infofluss zu skizzieren. Die Darstellung in Bild 6.3 (siehe Abschnitt 6.2.2) hilft Dir dabei, notwendige Zusammenhänge komplexer Art einfacher zu verstehen. Aus Erfahrung benötigt es meist erfahrene Personen aus den unterschiedlichen Bereichen des eigenen Unternehmens und die des Lieferanten.

Weitere Besonderheiten von Lieferantenaudits

- Beurteilung der Qualitätsfähigkeit bei Unterlieferanten
- Ermitteln von Verbesserungspotenzial
- Erfassung von Störungen in der Lieferkette
- Einen neuen Lieferanten zu suchen, um z. B. einen leistungsschwachen Lieferanten zu ersetzen oder die Fertigungstiefe zu reduzieren
- Transparenz schaffen über die Stärken und Schwächen, also über die Leistungsfähigkeit Deiner Lieferanten

Vorteile von Lieferantenaudits

Die Vorteile zum Einsatz des Lieferantenaudits sind reichhaltig. Ein Lieferantenaudit ist eine wertvolle und etablierte Methode im modernen Lieferantenauswahlprozess eines Unternehmens:

- **Modernes Lieferantenmanagement durch höhere Transparenz über die gesamte Lieferkette**

  Mit dem Lieferantenaudit hast Du ein geeignetes Instrument zur umfassenden Bewertung der Qualitätsfähigkeit Deiner Lieferanten. Bereits in der Entwicklungsphase eines neuen Produktes und Prozesses kannst Du das Lieferantenaudit methodisch und zielführend einsetzen. Dies führt zu einer höheren Transparenz über die gesamte Lieferkette Deiner Lieferanten. Denn wenn Du genauer hinschaust, fordern diese immer häufiger auch Deine Kunden. Im Falle einer Kundenreklamation bist Du durch die geschaffene Transparenz in der Lage, schnell und gezielt die Problembehebung anzugehen, ohne erst einmal eine aufwendige Datenanalyse zu erheben.

- **Lieferantenaudits als Beitrag zur partnerschaftlichen Lieferantenentwicklung**

  Du baust durch ein professionell durchgeführtes Lieferantenaudit eine partnerschaftliche Beziehung mit Deinen Lieferanten auf. Das Ergebnis gibt Dir konkrete Anhaltspunkte zur Förderung und Entwicklung Deiner Lieferanten und hilft Dir dabei, das Lieferantenrisiko und die Qualitätskosten zu reduzieren. Darüber hinaus bietet es Dir Ansatzpunkte für Verbesserungen in der strategischen oder operativen Arbeit mit dem Lieferanten. Strategisch bietet es die Möglichkeit für die Initiierung eines KVP-Lieferanten-Projekts. Kunde und Lieferant arbeiten gemeinsam an Verbesserungsthemen z. B. auf Prozess- bzw. Produktebene.

- **Mit Lieferantenaudits die Kommunikation verbessern**

  Ein Lieferantenaudit verbessert die Kommunikation und stärkt damit langfristig die gegenseitige Geschäftsbeziehung.

  Nicht selten kommt es vor, dass in einem Lieferantenaudit die Defizite des eigenen Unternehmens zum Vorschein treten. So können unzureichende Lieferleistungen ihre Ursache darin haben, dass Kunden ihren Lieferanten keine korrekten bzw. unzureichenden Vorgaben z. B. in Form einer Zeichnung, Stückliste und Informationen zur Verfügung stellen.

  Ein Lieferantenaudit dient aber auch dazu, die Prozesse des Lieferanten besser zu verstehen, Schlüsselpersonen persönlich kennenzulernen und die Erwartungen beider Parteien besser abzugleichen.

- **Lieferant profitiert vom Auditnutzen**

  Auch der Lieferant hat einen Nutzen vom Audit und kann davon profitieren. Er partizipiert am Know-how seines Kunden und bekommt Potenziale aufgezeigt, mit denen er seine Prozesse optimieren kann. Es führt dazu, dass seine Lieferanten ein Bewusstsein für die Notwendigkeit fortlaufender Verbesserungen entwickeln.

2.6 Wichtigste Erkenntnisse

Zusammenfassend zu den Auditgrundlagen kann Folgendes festgehalten werden:

- Ein Audit ist eine Momentaufnahme: ein Vergleich zwischen Anforderung und Umsetzung in der Praxis – von der Vorgabe und deren Erfüllung.
- Mit Audits verfolgst Du das Ziel festzustellen, ob Prozesse und Tätigkeiten gemäß den geplanten Vorgaben erfolgen, eine ausreichende Stichprobenprüfung dient unterstützend.
- Mit Audits erreichst Du einen vielfältigen Nutzen:
  - Erkennung von Chancen und Risiken einer Organisation (risikobasierter Ansatz)
  - Minimierung von Produkt- und Prozessrisiken
  - Impulsgeber für Verbesserungsvorschläge
  - Proaktive Aufträge von Prozessverantwortlichen sowie eigenständige Verantwortung zur wirksamen Umsetzung der Maßnahmen
  - Verwendung im modernen Lieferantenmanagement zur Lieferantenauswahl, Lieferantenüberwachung und Lieferantenentwicklung
  - Digitalisierungsprojekte und -transformationen
  - Sukzessiver Aufbau und Ausbau eines wertvollen Wissensspeichers zur unternehmerischen Zukunftsgestaltung
- Audits benötigen einen speziellen Zweck und einen Fokus zur Erfüllung des Auditauftrags.
- Interne Audits fördern die Einhaltung der Unternehmensziele und stellen eine reibungslose Steuerung der Prozesse sicher. Dies führt folglich zu einer Steigerung der Kundenzufriedenheit.
- Zu den Begrifflichkeiten hast Du Dir Folgendes besonders gemerkt:
  - Der Leitfaden ISO 19011 ist übertragbar auf alle Auditaktivitäten, d.h. ein generisches Vorgehen zur Anwendung bei internen Audits und Lieferantenaudits.
  - Auditprogramm und Auditplan bitte nicht verwechseln.
  - Das Auditprogramm ist eine Übersicht über alle Auditaktivitäten Deines Unternehmens während eines bestimmten Zeitraums (interne Audits und Lieferantenaudits sind mit einbezogen).
  - Der Auditplan ist eine detaillierte Übersicht aller Aktivitäten und Festlegungen eines Deiner geplanten Audits.

  - Unter einem objektiven Auditnachweis verstehst Du Informationen, die für das jeweilige Auditkriterium relevant und überprüfbar sind und nachweisbare Beispiele aufzeigen.
- Bei den Besonderheiten von internen Audits und Lieferantenaudits stellt sich heraus:
  - Lerne Dein Unternehmen besser durch interne Audits kennen.
  - Führe interne Audits in regelmäßigen Abständen unter Berücksichtigung der Unternehmensziele durch.
  - Einsatz von Lieferantenaudits zur Lieferantenauswahl und partnerschaftlichen Lieferantenentwicklung. Schnittstellenübergreifende Unterstützung durch Einbezug von internen Fachpersonen und auch lieferantenseitig.
  - Lieferantenaudits können auftragsbezogen mehr Vorbereitungsaufwand erzeugen.
  - Erfassung von Störungen in der Lieferkette.
  - Ein Audit ist keine „eierlegende Wollmilchsau“. Weniger Inhalt ist mehr.
  - Ein Audit löst nicht alle Probleme. Überlege, ob ein Audit oder nicht eine andere Methode wie z. B. die 5-Why-Methode (auch 5-W-Methode) zur Ursachenanalyse zielführender ist.

2.7 Reflexionsfragen

Wir laden Dich erneut ein, in Deinem Unternehmenskontext zu reflektieren. Beantworte bitte folgende Fragen:

1. Welche Auditziele verfolgst Du heute? Welche Auditziele werden in Zukunft verfolgt?
2. Wer ist heute in die Planung der Auditziele involviert? Wer sollte zukünftig zur Gestaltung der Auditziele beitragen?
3. Welche Auditarten werden in Deinem Unternehmen unterschieden und mit welchem Zweck?
4. Welchen Zweck erfüllen heute das interne Audit und das Lieferantenaudit in Deinem Umfeld? Welche konkreten Veränderungen planst Du in den nächsten drei Monaten?
5. Welcher Nutzen sollte konkret in Deinen zukünftigen Audits erreicht werden? Unterteile die Audits in interne Audits und Lieferantenaudits.

3 Der Auditprozess

Mit einem Auditprozess hast Du einen wichtigen Baustein für eine flächendeckende und interdisziplinäre Zusammenarbeit im gesamten Unternehmen. In diesem Kapitel gehen wir auf die nachstehenden fünf Kernfragen ein:

1. Warum braucht es überhaupt einen Auditprozess?
2. Wie ist ein klassischer Auditprozess heute aufgebaut?
3. Wie sollte der heutige Auditprozess verbessert und zukünftig neu aufgebaut werden?
4. Welches sind die Rollen und Verantwortlichkeiten im Auditprozess?
5. Was sind die kritischen Erfolgsfaktoren?

Zu diesen Kernfragen haben wir in diesem Kapitel alle relevanten Inhalte zum Auditprozess zusammengetragen.

Aus der Praxis sind die folgenden Phasen bekannt und in vielen Unternehmen bereits etabliert:

- Steuerung eines Auditprogramms
- Planung von Audits
- Durchführung von Audits
- Nachbereitung von Audits

Mit diesem Kapitel erhältst Du Impulse, Deinen Auditprozess neu zu überdenken und aufzubauen bzw. zu überarbeiten. Wir zeigen Dir einen verbesserten Auditprozess, der sich in sechs Phasen unterteilt und eine zentrale Rolle im Unternehmen zukünftig einnehmen wird. Du lernst, Audits aus einem anderen Blickwinkel zu betrachten und kennenzulernen, um zukünftig „Audits mit Gewinn“ zu erreichen.

3.1 Die wichtigsten Phasen im Überblick

Die einzelnen Phasen eines Audits charakterisieren sich in der Regel durch eine bestimmte Reihenfolge und sollten von einem erfolgreichen Auditor entsprechend eingehalten werden. Du hast die Möglichkeit, entsprechendes Vorgehen flexibel auch in Deiner Branche bzw. Unternehmen anzuwenden. Denn egal, ob im Produktionsbetrieb oder Dienstleistungsbereich: Wird eine Phase ausgelassen bzw. unvorbereitet abgearbeitet, entstehen aus Sicht des Audits oft Probleme, die mit der passenden Vorbereitung und Vorgehensweise hätten vermieden werden können.

Warum braucht es überhaupt einen Auditprozess?

Der Auditprozess dient als Grundlage und hilft Dir, bei der Planung und Durchführung von Audits alle wichtigen Aspekte im Auge zu behalten und sich immer am Gesamtverständnis zu orientieren. Mit dem Auditprozess kannst Du einen Mehrwert generieren, indem Du Rollen und Verantwortlichkeiten festlegst (siehe Abschnitt 3.3).

Wie ist ein klassischer Auditprozess heute aufgebaut?

Ein klassischer Auditprozess besteht aus den Schritten, wie wir ihn gemäß der ISO 19011 kennen (siehe Bild 3.1). Dieser prinzipielle Ablauf gilt für alle Auditarten (intern und extern).

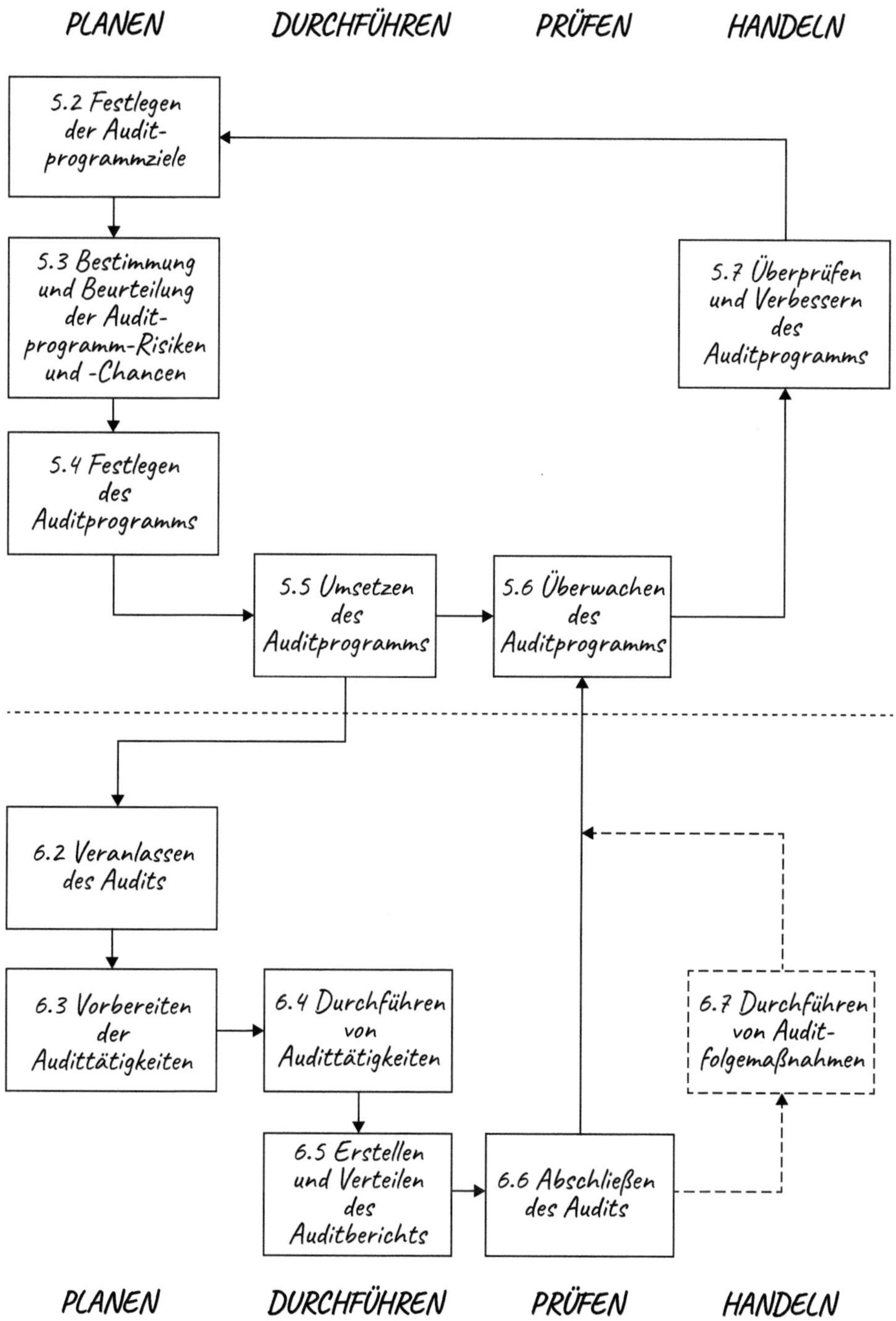

Bild 3.1 Der Auditprozess nach dem PDCA-Ansatz aus der ISO 19011

Wie sollte der heutige Auditprozess optimiert und zukünftig neu aufgebaut werden?

Der heutige und meist verbreitete Auditprozess in den Unternehmen beinhaltet weitgehend die Umsetzung eines Auditauftrags. Er berücksichtigt in den wenigsten Fällen die Unternehmensziele und die daraus abgeleiteten Auditziele sowie den damit verbundenen Einbezug der Geschäftsführung. Somit ist der Auditprozess losgelöst von den eigentlichen Zielen eines Unternehmens.

Die Auditziele sollten idealerweise in Abstimmung mit den Unternehmenszielen eine zentrale Rolle in der Planung des Auditprogramms einnehmen. Damit auditiert ein Unternehmen zukünftig nur noch auf Basis einer Chancen- und Risikoanalyse. Dieser Trend ist in den letzten Jahren schon vereinzelt erkennbar und zeigt noch einiges an Potenzial auf.

Der optimierte Auditprozess gliedert sich in sechs Phasen (siehe Bild 3.2). Mithilfe dieser sechs Phasen lässt sich eine ideale Grundlage für den strategischen Aufbau sowie die anschließende Planung und Umsetzung der Audits schaffen. Eine Erläuterung ist in Abschnitt 3.2.1 aufgeführt.

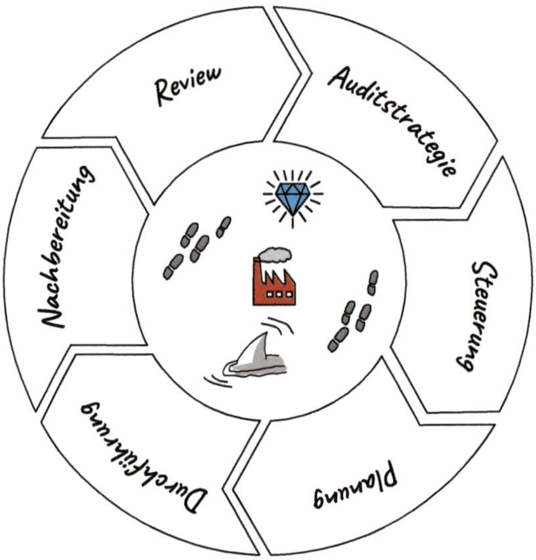

Bild 3.2
Die sechs Phasen im Auditprozess

■ 3.2 Beispiele zur Darstellung von Prozessabläufen

Mit den folgenden Beispielen erhältst Du Varianten, den Auditprozess einfach darzustellen.

3.2.1 Beispiel 1: Sechs Phasen des Auditprozesses

Das erste Beispiel zeigt Dir unseren Vorschlag eines verbesserten Auditprozesses in einer tabellarischen Übersicht (Tabelle 3.1). Den sechs Phasen des Auditprozesses werden Inhalte und Hilfsmittel zugeordnet.

Tabelle 3.1 Sechs Phasen des Auditprozesses: Schritte, Inhalte und Hilfsmittel

Phase	Schritte	Inhalte und Hilfsmittel
Auditstrategie	Ableitung Auditstrategie aus Unternehmensstrategie	Festlegung von Zielen und Umfang Risiken und Chancen identifizieren und bewerten
Steuerung Auditprogramm	▪ Auditprogramm ▪ Erstellung Auditauftrag	▪ Festlegung von Zielen, Umfang und Kriterien ▪ Auditauftrag erstellen
Fokussierte Planung und Vorbereitung	▪ Klärung Auditauftrag ▪ Auditteam festlegen ▪ Wissen über auditierte ▪ Organisation sammeln ▪ Prozesse eingrenzen und Fokus setzen ▪ Relevante Fragen erstellen ▪ Auditplan erstellen und mit auditierter Organisation abstimmen	▪ Ausgangssituation mit Auftraggeber klären ▪ Auditkriterien festlegen ▪ Auditierte Organisation verstehen ▪ Informationen sammeln und prüfen ▪ Roten Faden erstellen (Fragenkatalog/Checkliste) ▪ Festlegung und Aufgabenverteilung im Auditteam ▪ Erstellung Auditplan und Abstimmung mit auditierter Organisation

Tabelle 3.1 Sechs Phasen des Auditprozesses: Schritte, Inhalte und Hilfsmittel *(Fortsetzung)*

Phase	Schritte	Inhalte und Hilfsmittel
Objektive Durchführung	▪ Eröffnungsgespräch ▪ Auditieren nach Auditplan ▪ Nachweise ▪ Abschlussgespräch	▪ Eröffnungsgespräch ▪ Audit gemäß Auditplan durchführen ▪ Erfassung und Verifizierung von Informationen (objektiver Nachweise) ▪ Bewerten und Dokumentieren von Informationen gegenüber Auditkriterien (Auditfeststellungen) ▪ Abschlussgespräch
Zielorientierte Nachbereitung	▪ Auditbericht inkl. festgelegter Maßnahmen ▪ Wirksamkeit von Maßnahmen ▪ Abschluss	▪ Erstellung Auditbericht inkl. Maßnahmen erstellen und verteilen ▪ Überprüfung Wirksamkeit von Maßnahmen ▪ Abschluss des Audits ▪ Durchführung von Maßnahmen (evtl. ein Nachaudit)
Review	▪ Wirksamkeit der Auditstrategie ▪ Wirksamkeit des Auditprozesses ▪ Überprüfung der Auditergebnisse als Beitrag zur Erreichung Unternehmensziele ▪ Erkenntnisse aus den Audits fließen in die Managementbewertung hinein ▪ Persönliche Vorgehensweise und Weiterentwicklung als Auditor/in überprüfen	▪ Handlungsbedarf ist erkennbar ▪ Auditstrategie wird angepasst oder bestätigt ▪ Auditprozess wird angepasst oder bestätigt

3.2.2 Beispiel 2: Einfacher Prozessablauf

Das zweite Beispiel zeigt einen einfachen Prozessablauf (siehe Bild 3.3).

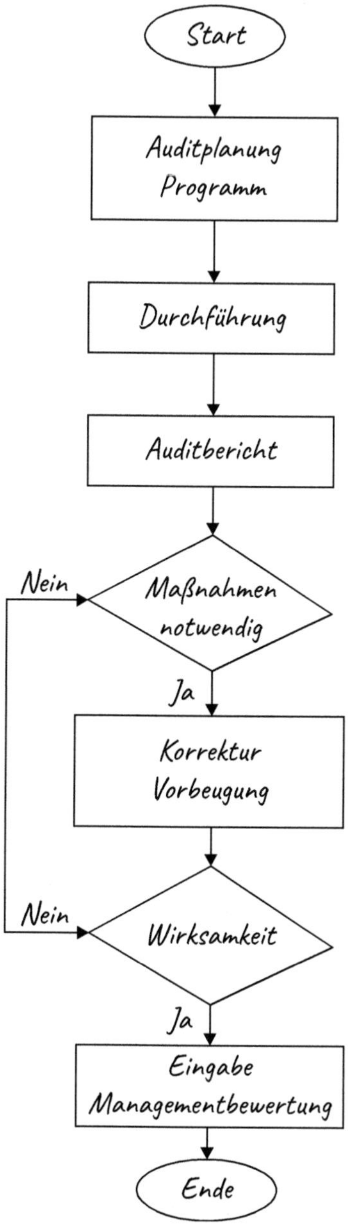

Bild 3.3
Einfacher Prozessablauf

Mit der Darstellung möglicher Varianten eines Auditprozesses gehen wir zu den Rollen und Verantwortlichen im Prozess.

3.3 Rollen und Verantwortlichkeiten im Prozess

Welche Rolle gibt es im Audit und mit welcher Verantwortung bin ich damit konfrontiert? Dieser Frage gehen wir in diesem Kapitel nach, um ein besseres Verständnis für die Vielfalt von Aufgaben und die damit verbundene Verantwortung von Auditoren zu erhalten. Zunächst werden erst einmal die Definitionen der einzelnen Rollen im Auditprozess aufgezeigt.

Auditauftraggeber – ISO 19011, Abschnitt 3.12

Organisation oder Person, die ein Audit (3.1) anfordert.

Auditierte Organisation – ISO 19011, Abschnitt 3.13

Die gesamte Organisation oder Teile davon, die auditiert wird/werden.

Auditteam – ISO 19011, Abschnitt 3.14

Eine oder mehrere Personen, die ein Audit (3.1) durchführen, nötigenfalls unterstützt durch Sachkundige (3.16).

Ergänzend zum Begriff: Ein Audit kann sowohl von einer einzelnen Person als auch von einer Gruppe von Personen durchgeführt werden. Das Auditteam besteht in der Regel aus einem Lead-Auditor, Co-Auditor – bei Bedarf zusätzlich einem Fachexperten und einem Begleiter.

Das Auditteam kann dabei auch Personen berücksichtigen, die in der Ausbildung sind oder die keine Befähigung zur Durchführung eines Audits besitzen, allerdings Fachexperten im zu auditierenden Bereich sind.

Beobachter – ISO 19011, Abschnitt 3.17

Person, die das Auditteam (3.14) begleitet, aber nicht als ein Auditor (3.15) handelt.

Ergänzend zum Begriff: Ein Beobachter (Mentor) ist eine Person, die das Auditteam z. B. im Rahmen eines Mentoring begleitet, nicht aktiv auditiert und keinen Einfluss auf die Durchführung des Audits hat.

Weitere Begriffe ergänzend zur ISO 19011

- **Auditteamleiter**

  Der Auditteamleiter (auch als Lead-Auditor bekannt) ist die Person, die das Audit leitet.

- **Co-Auditor**

  Der Co-Auditor ist die Person, die den Lead-Auditor in der Vorbereitung, Durchführung und Nachbereitung unterstützt.

- **Fachexperte**

  Fachexperten sind Personen, die dem Auditteam ihr spezifisches Wissen und Fachkenntnisse zur Verfügung stellen.

- **Auditprogramm Verantwortlicher**

  Die Person, die das Auditprogramm erstellt, in regelmäßigen Abständen koordiniert und überwacht.

Quicktipp

Bei nicht ausreichenden Fach- bzw. Prozesskenntnissen im Auditteam (z. B. spezielle Fertigungsprozesse) sollte durch den Lead-Auditor ein Fachexperte hinzugezogen werden. Fachexperten benötigen keine Auditorenqualifikation.

Tabelle 3.2 fasst die Rollen und Aufgaben im gesamten Auditprozess zusammen.

Tabelle 3.2 Rollen und Aufgaben im Auditprozess

Rolle	Aufgaben Beispiele
Geschäftsleitung	▪ Festlegung der Auditziele und Schwerpunkte sowie aktive Einbindung in die Auditstrategie ▪ Abgleich der Auditziele mit den Unternehmenszielen und der Auditstrategie
Prozesseigner	▪ Aktiver Beitrag in Audits und Umsetzung der definierten Maßnahmen
Mitarbeitende	▪ Kennen ihre Rolle und unterstützen den Auditprozess
Auditprogramm Verantwortliche	▪ Erstellung, Genehmigung und die Umsetzung der Auditprogramme sicherstellen

Tabelle 3.2 Rollen und Aufgaben im Auditprozess *(Fortsetzung)*

Rolle	Aufgaben Beispiele
Auditteamleiter	▪ Inhaltliche und fachliche Planung sowie Leitung eines einzelnen Audits ▪ Kommunikation und Abstimmung Auditplan mit auditierter Organisation (intern/Lieferant) und dem Auditteam ▪ Benennung des Auditteams ▪ Übertragung der Auditierung von Teilprozessen an Co-Auditor ▪ Berichterstellung und Verteilung ▪ Überprüfung der Wirksamkeit von eingeführten Maßnahmen ▪ Ablage des abgeschlossenen Auditberichts inklusive Maßnahmen
Co-Auditor	▪ Unterstützung des Auditteamleiter in der Planung und Durchführung
Fachexperte	▪ Bei nicht ausreichenden Fach- bzw. Prozesskenntnissen im Auditteam (z. B. spezielle Fertigungsprozesse) wird durch den Auditteamleiter ein Fachexperte hinzugezogen ▪ Fachexperten benötigen keine Auditoren-Qualifikation ▪ Grundkenntnisse der Fragetechnik und Gesprächsführung von Vorteil
Beobachter/Mentor	▪ Beobachter/Mentor wird zur Begleitung des Auditteams und zur persönlichen Reflexion eingesetzt ▪ Keine aktive Rolle und Einflussnahme im Audit

■ 3.4 Was sind die kritischen Erfolgsfaktoren?

Die kritischen Erfolgsfaktoren des Auditprozesses sind Fähigkeiten, Verhaltensweisen, Einsatzmittel, Aufgaben und Strukturen, die für Auditoren und die Auditierten erfolgsentscheidend sind. Diese entscheiden über den Erfolg oder das Nichterreichen der Auditziele und sind in Tabelle 3.3 den einzelnen Phasen des gesamten Auditprozesses zugeordnet.

Tabelle 3.3 Kritische Erfolgsfaktoren im Auditprozess

Phase	Beispiele Erfolgsfaktoren
Auditstrategie	▪ Es gibt eine Auditstrategie ▪ Bewusstsein über die Sinnhaftigkeit von Audits ▪ Schwerpunkte werden risikobasiert von der Geschäftsleitung festgelegt
Steuerung Auditprogramm	▪ Risikobasierte Planung, Geschäftsführung ist involviert ▪ Auswahl kompetenter Auditoren. Auditoren sind geschult und kennen ihren Beitrag
Planung und Vorbereitung	▪ Auditprogramm: Frühzeitige und transparente Planung ▪ Kein Ziel, Auditkriterien und abgeleiteter Auditauftrag ▪ Umsetzung von Anforderungen von Kunden, Behörden oder anderen interessierten Parteien prüfen
	▪ Mehrwert schaffen und zeigen. Nicht nur Normanforderungen bieten. Erfolg aus eingeführten Maßnahmen aufzeigen (Vorher/Nachher), z. B. einfachere Verbesserungen, Verbesserung Arbeitssicherheit
	▪ Auditplan: 5 W-Fragen: Wer? Wo? Was? Wie lange? Welche Grundlage? ▪ Abstimmung mit Auditteam und Auditierten sichert die Akzeptanz ▪ Frühzeitige Kommunikation und Versenden an Beteiligte (Empfehlung mindestens 3 Wochen vorher)
	▪ Checklisten/Fragenkatalog: Vorbereitung inhaltlich und fachlich ▪ Bezug zum Auditauftrag/Auditziel(e) und Auditkriterien ▪ Geschlossene, offene Fragen
Durchführung	*Eröffnungsgespräch*: ▪ Persönliche Nervosität/Angstgefühle nehmen ▪ Ablauf und Rahmenbedingungen
	Auditsequenzen: ▪ Gutes Zuhören: Vermeide, Auditierte sofort zu unterbrechen, dazwischenreden, auch nicht innerlich, konstruktives Feedback ▪ Klarheit über Feststellungen vor Ort ▪ Zeitplan einhalten ▪ Mündliche Zusagen werden akzeptiert, anstatt objektiven Nachweis einzufordern ▪ Bei Befragung eines Mitarbeitenden werden Eingriffe/Antworten des Vorgesetzten zugelassen
	Abschlussgespräch: ▪ Starten mit Positivem (gutes Gefühl erzeugen) ▪ Auditfeststellungen aus Auditsequenzen auf Basis der Auditnotizen ▪ Nur Gespräche – keine Stichproben Der Auditor führt das Gespräch/die Befragung mit mehreren Mitarbeitenden zugleich

Tabelle 3.3 Kritische Erfolgsfaktoren im Auditprozess *(Fortsetzung)*

Phase	Beispiele Erfolgsfaktoren
Nachbereitung	*Auditbericht*: ▪ Unvollständige Nachweise. Zeitnahe Zustellung ▪ Klar und verständlich empfängergerecht (Motto: Bilder sagen mehr als tausend Worte) ▪ Termin zur Nachbereitung im Auditteam bereits in Planung berücksichtigen
	▪ Gemeinsame Maßnahmen definieren ▪ Überprüfung Wirksamkeit der Maßnahmen: Wer bis wann welche Aktion umsetzen soll ▪ Zu klären: Woran erkenne ich die Wirksamkeit? z. B. Kennzahlen, beobachtbare Merkmale ▪ Maßnahmen werden nicht vom Auditteam festgelegt. Problem der Akzeptanz. Wann und von wem erfolgt die Überprüfung?
Review Gesamtprozess	▪ Reviews einplanen und konsequent durchführen ▪ Regelmäßig treffen, um Erkenntnis darüber zu gewinnen, ob der Weg so stimmt ▪ Auditergebnisse werden in der Managementbewertung thematisiert ▪ Auditoren reflektieren und verbessern sich

3.5 Wichtigste Erkenntnisse

- Du hast verschiedene Arten der Darstellung des Auditprozesses kennengelernt.
- Mit einer verbesserten Vorstellung des Auditprozesses in sechs Phasen hast Du Impulse erhalten, Deinen Auditprozess neu zu überdenken und weiterzuentwickeln.
- Beachte dabei den Einbezug der Unternehmensziele und die Ableitung von Auditzielen unter Einbezug der Geschäftsführung.
- Verteilte Verantwortung für den Auditprozess. Du solltest nicht alles alleine machen, weil Du von Deiner Art und Weise gut strukturiert vorgehst und Du dafür im Unternehmen bekannt und geschätzt bist. Die Verteilung von Aufgaben unter Einbezug von Fachexperten stärkt die Zusammenarbeit und schafft Verständnis für das Auditieren.
- Alleine schaffst Du weniger, gemeinsam viel mehr.
- Die Rollen und Verantwortlichkeiten im Auditprozess solltest Du im Kontext Deines Unternehmens eventuell anpassen.

- Mit Beispielen zu den kritischen Erfolgsfaktoren über den Auditprozess weißt Du, auf welche Herausforderungen Du in jeder Phase achten solltest.
- Mache Betroffene zu Beteiligten in eurem Auditprozess.
- Du machst so weiter so wie bisher oder Du passt den Prozess und die dazugehörigen Dokumente an.
- Für alle aufgeführten Begriffe ist es wichtig, in Deinem Kontext eine Definition der für Dich notwendigen Begriffe festzulegen.

3.6 Wichtigste Dokumente

Auditprozess: Erstelle einen Ablauf so einfach wie möglich. Er soll Orientierung für eine schrittweise und zielführende Vorgehensweise beim Auditieren bieten.

Halte im Auditprozess die Rollen und Verantwortlichkeiten fest, die für Dein Unternehmen sinnvoll sind.

3.7 Reflexionsfragen

Mit diesen Fragen der Reflexion hinterfragst Du den Auditprozess und deren Verantwortlichkeiten im Kontext Deines Unternehmens:

1. Welche Erfahrungen hast Du mit Deinem Auditprozess gemacht?
   Was lief gut?
   Was ist zu verbessern?
2. Kläre ab, welche Verantwortlichkeiten und Rollen im Auditprozess festgelegt sind?
   Denke dabei an die Verantwortlichkeiten.
   Wer macht was und übernimmt Verantwortung?
3. Überlege Dir, wie Du Verantwortung übertragen kannst, weil Du damit die eingebundenen Personen zum Auditprozess und dessen Tätigkeiten sensibilisierst und neugierig machst.
   Beachte: Es könnte schon ein potenzieller interner Auditor oder Lieferantenauditor in den eigenen Reihen nur darauf warten, angesprochen zu werden.

4 Wirksame Auditstrategie

In Kapitel 3 hast Du bereits einen verbesserten Auditprozess kennengelernt, der mit der Auditstrategie beginnt (Bild 4.1) und mit einem bewussten Review endet. Erst wenn die Auditstrategie steht und Du für Dich beantwortet hast, was Du mit Audits erreichen möchtest, kannst Du Auditprogramme entsprechend steuern, Audits risikobasiert planen und durchführen (lassen), nachbereiten, Reviews durchführen und die Strategie abhängig von Erkenntnissen aus den Reviews anpassen.

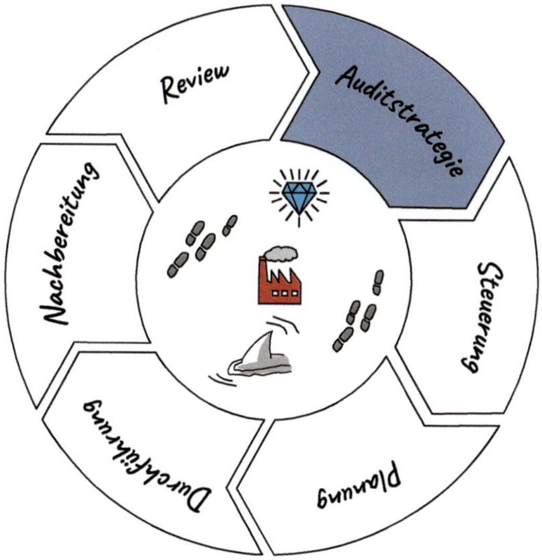

Bild 4.1
Phase 1 des Auditprozesses: Auditstrategie

Viele Geschäftsleitende und QM-Verantwortliche beschäftigen sich kaum mit der Frage, warum sie überhaupt Audits für sich einsetzen. Bevor wir richtig in das Thema eintauchen, beantworte bitte diese drei Fragen:

- Legt das Management bei Dir im Unternehmen die Schwerpunkte bzw. die Auditziele mit dem/der Qualitätsmanager/in fest?
- Werden Audits bewusst eingesetzt und von der Geschäftsleitung unterstützt?
- Tragen Audits zur Erreichung der Unternehmensstrategie bei?

Die meisten Befragten werden vermutlich alle drei Fragen mit „Nein" beantworten.

Es fehlt ihnen eine Auditstrategie oder ein grundlegendes Konzept darüber, wie Audits Nutzen für das Unternehmen erzielen. Audits werden, wie bereits in Abschnitt 1.1.1 thematisiert, nur eingesetzt, weil die Norm oder ein Kunde das verlangt. Aus diesem Grund werden Audits einfach durchgeführt, damit externe Auditoren oder Kunden zufrieden sind. Doch um Audits mit Gewinn einzusetzen, brauchst Du eine Auditstrategie.

Nachstehend ein Beispiel mit Paul und Maya. Paul und Maya werden uns in diesem Buch begleiten, und wir werden ihre Entwicklung Schritt für Schritt erleben.

Paul und Maya arbeiten für das Unternehmen der Zukunft GmbH. Die Zukunft GmbH entwickelt, produziert und vertreibt Verpackungsmaterial nach Kundenwunsch. Der Standort ist in der Schweiz, die Kunden sind in der Schweiz, in Deutschland und in Österreich vertreten.

Paul ist seit drei Jahren Geschäftsführer der Zukunft GmbH. Vor seiner Tätigkeit in diesem Unternehmen wurde er noch nicht mit Audits konfrontiert. Nun ist er auch Vorgesetzter der QM-Verantwortlichen Maya.

Er bekommt regelmäßig die Kopien von Auditberichten und weiß, dass er interne Audits in der Managementbewertung thematisieren muss. Aufgrund anderer Prioritäten vertraut er voll und ganz seiner Qualitätsmanagerin Maya, die Auditprogramme mit dem Ziel erstellt, die bei ihnen eingesetzte Norm ISO 9001 einzuhalten.

Einmal im Jahr fasst Maya die Auditergebnisse zusammen und bereitet die Managementbewertung vor, damit Paul diese freigeben kann.

Das Unternehmen Zukunft GmbH expandiert. Kunden möchten immer ausgefallene Spezialanfertigungen. Die Pandemie hat auch gezeigt, wie dringend die Digitalisierungsprojekte und KI-unterstützte Anwendungen sind.

Pauls größte Herausforderungen sind gerade Ressourcenengpässe und Priorisierungen. Paul hat sich vorgenommen, nur noch Aktivitäten Beachtung zu schenken, die mit der Strategie seines Unternehmens übereinstimmen. Seine strategischen Ziele lauten: 20 % mehr Umsatz als im Vorjahr mit bestehenden Kunden. Gleichzeitig möchte er 30 % der Produktionskosten reduzieren, um die Marge zu erhöhen.

Im Bereich des Qualitätsmanagements ist er unsicher, inwieweit dieser Bereich eine Rolle spielt. Er weiß, dass Maya gute Arbeit leistet, bezogen auf die Rückmeldung von externen Auditoren. Prozessverantwortliche loben die Zusammenarbeit mit Maya. Er kann einfach nicht nachvollziehen, warum fünf Audits pro Jahr notwendig sind, da er ohnehin nicht dazu kommt, die Berichte zu lesen.

Er nimmt sich immer vor, nach den externen Audits mit Maya über die Ziele des Audits zu sprechen. Doch sobald das externe Audit bestanden ist, kommt er einfach nicht dazu.

Maya wünscht sich auf der anderen Seite mehr Commitment von ihrem Chef Paul. Sie weiß, wie wichtig das Audit für das Unternehmen ist. Von Karin, der Entwicklungsleiterin, hat sie auch bereits Rückmeldung bekommen, dass sie gerne für sich und ihr Team intensivere und häufigere Audits hätte, da ihr zwei Stunden im Abstand von drei Jahren nicht viel bringen.

Maya fragt sich, wie sie nun Paul abholen kann.

Vielen in den Unternehmen geht es wie Maya und Paul: Es mangelt an Zeit, um miteinander zu sprechen. Es herrschen vereinzelte Gedanken und gute Ideen, jedoch kommt immer etwas Dringenderes dazwischen, als wie in diesem Fall gemeinsam einen Weg für Audits zu gestalten.

Maya und Paul brauchen unbedingt eine Auditstrategie, die von mindestens beiden entwickelt wird. Die Gedanken, die Paul und Maya beschäftigen, kosten Energie und Zeit. Audits werden offensichtlich noch nicht ausgenutzt, um die Unternehmensstrategie voranzubringen.

Was ist nun eine Auditstrategie, warum ist sie sinnvoll und wie kannst Du eine wirksame Auditstrategie für Dich entwickeln?

■ 4.1 Was ist eine Auditstrategie?

Was ist überhaupt eine Strategie, unabhängig von Audits? In der Wirtschaft umfasst eine Strategie eine Maßnahmenkombination der Tätigkeiten zur Verwirklichung von langfristigen Zielen. Gemäß Gabler-Lexikon:

„Strategie wird definiert als die grundsätzliche, langfristige Verhaltensweise (Maßnahmenkombination) der Unternehmung und relevanter Teilbereiche gegenüber ihrer Umwelt zur Verwirklichung der langfristigen Ziele.“ (Müller-Stewens, 2018)

Auf Audits bezogen können wir hier festhalten:

Eine **Auditstrategie** ist eine Maßnahmenkombination oder eine Verhaltensweise der Audittätigkeiten, die dazu beitragen, Deine Unternehmensziele zu erreichen sowie Deine Unternehmensstrategie umzusetzen oder sogar zu entwickeln.

Somit ist der Einsatz von Audits nicht nur darauf gerichtet, die Norm zu erfüllen, sondern um Deine Unternehmensstrategie sowie Deine Unternehmensziele mit Best-Practice-Ansätzen zu verwirklichen.

Eine Auditstrategie zeigt Dir, wie Du mit Audits zum Unternehmenserfolg beiträgst. Du beantwortest dabei die Kernfrage:

Was wollen wir für uns mit Audits erreichen?

Am Schluss kann es sein, dass Du und Dein Team eine Verhaltensweise in einem Leitsatz festhältst, der dazu dient, das Ziel nicht aus den Augen zu verlieren. Beispiele von Spielregeln oder Bekenntnisse zur Begleitung Deiner Auditstrategie können sein:

- Es werden nur Audits geplant und durchgeführt, die dazu beitragen, unsere Unternehmensziele zu erreichen.
- Audits schaffen Mehrwert für jeden Involvierten.
- Audits werden eingesetzt, um Projektziele zu erreichen.

Eine Strategie darf und muss hin und wieder hinterfragt und angepasst werden.

Wenn wir uns wieder in Maya und Paul versetzen, könnte eine Strategie heißen:

Mit den nächsten Audits möchten wir Chancen der digitalen Transformationen erkennen, um Kosten wirksam und langfristig zu reduzieren sowie um Umsatz mit neuen Marktchancen zu steigern.

Das zeigt ein klares Commitment und spricht sowohl Schmerzen von Maya als auch von Paul und damit für das Unternehmen an.

4.2 Warum ist eine Auditstrategie sinnvoll?

Wenn Du überschlägst, wie viel Zeit in Audits investiert wird, wird Dir klar, warum diese Zeit koordiniert und bewusst eingesetzt werden sollte. Nennen wir nur einige von diesen Tätigkeiten, die notwendig sind, bis Auditergebnisse vorliegen:

- Anforderungen verstehen
- Auditorenschulungen besuchen
- Auditprogramm steuern
- Audits vorbereiten und durchführen
- Audits nachbereiten
- Erstellen und Aufrechterhalten der Dokumente
- Definitionen und Weiterverfolgung der Wirksamkeit von Maßnahmen aus den Audits
- Beziehungen zu den involvierten Stakeholdern aufrechterhalten

Alleine bezogen auf die investierte Zeit brauchst Du eine Auditstrategie, um Audits sinnvoll einzusetzen und brauchbare Ergebnisse für Dein Unternehmen zur erzielen. Gehen Audits über die reine Normerfüllung hinaus, werden sie Dein Unternehmen Schritt für Schritt voranbringen.

Werden Tätigkeiten mit der Geschäftsleitung abgestimmt, so haben diese die besten Chancen auf Erfolg und damit auch auf Anerkennung. Eine Auditstrategie sorgt zudem für Klarheit. Alle involvierten Mitarbeitenden kennen mit einer offen kommunizierten Auditstrategie ihren Beitrag im Rahmen des Audits und können unterstützen.

In unserem Szenario hätte Maya das Commitment von Paul, und Paul hätte die Möglichkeit, mit Maya Schwerpunkte zu legen, sodass Audits die Herausforderungen von Paul ansprechen.

Für den Fall, dass die Chancen und Risiken oder Dein Unternehmenskontext sich ändern, kannst Du Dich an der Auditstrategie orientieren und diese auch anpassen. Auditaktivitäten sind nicht losgelöst vom operativen und strategischen Geschehen. Eine Auditstrategie hilft Dir, Deine Unternehmensziele zu erreichen, denn Du gehst risikobasiert an die Thematik heran.

Quicktipp

Ergänze die Auditphasen mit einer Auditstrategie. Sowohl die Norm als auch die Praxiserfahrung beginnen mit einem Auditprogramm. Deine Auditstrategie ist am Ende in Deinem Auditprogramm reflektiert.

4.3 Mit sieben Schritten zur wirksamen Auditstrategie

In sieben Schritten zeigen wir dir, wie Du zu einer funktionierenden Auditstrategie kommst:

1. Schritt 1: Herausfinden, warum eine Auditstrategie erforderlich ist
2. Schritt 2: Ist-/Soll-Zustand des Unternehmens erfassen
3. Schritt 3: Relevanz der Audits formulieren
4. Schritt 4: Rahmenbedingungen schaffen
5. Schritt 5: Prozess, Performance und Reporting festlegen
6. Schritt 6: Umsetzungsplan definieren und überprüfen
7. Schritt 7: Auditstrategie oder Leitsatz festhalten

Bild 4.2 zeigt die sieben Schritte im Überblick und liefert am Ende ein „Big Picture“.

Bild 4.2 Die sieben Schritte zur wirksamen Auditstrategie

4.3.1 Schritt 1: Herausfinden, warum eine Auditstrategie erforderlich ist

In Abschnitt 4.2 haben wir herausgefunden, warum eine Auditstrategie Sinn ergibt. Schmerzpunkte sind dennoch von Unternehmen zu Unternehmen unterschiedlich. Schmerzpunkte und Beweggründe sind auch von Mensch zu Mensch in denselben Organisationen unterschiedlich. Daher frage Dich:

- Warum ist Dir persönlich eine Auditstrategie wichtig?
- Was ist Dein innerer Antrieb?
- Was möchtest Du mit der Auditstrategie erreichen?
- Warum ist es Dir wichtig, gemeinsam mit Deinem Team zu überlegen, wie Audits euch sonst etwas bringen können, außer nur um die Normkonformität Jahr zu Jahr zu bestätigen?

Wenn Du diese Fragen beantwortest, entwickelst Du eine starke Identifikation zu Deiner Auditstrategie. Das, was Du machst, muss zuerst für Dich einen Sinn ergeben. Am Ende hast Du mehrere Möglichkeiten, dies festzuhalten. Beispiele können sein:

... damit wir uns nicht verzetteln

... damit wir Kosten sparen

... damit wir bewusst Audits für den Unternehmenserfolg einsetzen

... damit wir jederzeit risikobasiert handeln

... um die Akzeptanz zu erhöhen

Diese Beispiele können auch eine Kombination von mehreren Antworten sein.

> Maya und Paul haben auch, was dies angeht, verschiedene Aspekte oder Sichtweisen. Sobald Maya Pauls Schmerzpunkte verstanden hat, wird sie diese mit Audits lindern, sodass sie den gewünschten Rückhalt von Paul erhält.
>
> Mayas Version lautet: damit sie Rückhalt von der Geschäftsleitung für ihr Vorhaben einholt. Paul findet hingegen heraus, dass er mit der Auditstrategie das Unternehmensvorhaben und die aktuelle Unternehmensstrategie besser unterstützen kann.

Mache Dir zuerst alleine Gedanken und dann lade Dein Team dazu ein, sich ebenfalls mit dem Thema zu beschäftigen.

> **Quicktipp**
>
> Sei proaktiv und schlage etwas vor. Gehe nie mit „leeren Händen“ zu Deinen Vorgesetzten oder zu den Prozessverantwortlichen. Die meisten Menschen sind mit Fragen überfordert. Mit funktionierenden und nachvollziehbaren Beispielen erreichst Du sie sowohl emotional als auch faktisch.

Wenn Menschen den Sinn in einem Vorhaben sehen, sind sie bereit, das Vorhaben zu unterstützen.

> **Ergebnis von Schritt 1**
>
> Die Sinnhaftigkeit einer Auditstrategie ist klar.
>
> Der Nutzen einer Auditstrategie ist klar.

4.3.2 Schritt 2: Ist-/Soll-Zustand des Unternehmens erfassen

Viele Auditverantwortliche sind weder informiert noch direkt eingebunden in die Geschehnisse des Unternehmens. Viele sehen das auch nicht als ihre Aufgaben an und sind daher auch nicht proaktiv genug, um danach zu fragen. Qualitätsmanagement ist in den meisten Fällen losgelöst von der strategischen Ausrichtung. Audits können allerdings nur unterstützen, wenn sie in die Strategie eingebunden werden. Du weißt, wo ihr steht und wohin die Reise geht.

Möglicherweise gibt es bereits Erkenntnisse aus Aktivitäten wie:

- Chancen- und Risikenanalyse
- Umfeldanalyse

- Strategieentwicklung
- Projektreviews
- Managementbewertungen
- Stakeholder-Analyse und -Rückmeldungen
- SWOT-Analyse (SWOT: Strengths, Weaknesses, Opportunities and Threats, also Stärken, Schwächen, Chancen und Risiken)
- Kunden- und/oder Mitarbeiterumfrage
- Lean-Management-Aktivitäten
- Prozessreviews durch Prozesseigner selbst
- Potenzialanalyse
- Bisherige Auditergebnisse: Hier erhältst Du Informationen darüber, ob die bisherigen Audits zur Erreichung der Unternehmensziele beitragen oder ob diese losgelöst von weiteren Geschehnissen sind.

Es gibt mehrere Möglichkeiten, die Ist- und Soll-Situationen Deines Unternehmens herauszufinden. In der Regel ist die Ist-Analyse nicht wirklich von der Soll-Analyse zu trennen. Daher wirst Du auch in den Gesprächen mit Prozesseignern oder in Deinen Untersuchungen beide Erkenntnisse gewinnen können.

Hier einige Wege und Möglichkeiten, um zu diesen Informationen zu kommen. Zuvor bereitest Du Dir ein Blatt oder eine digitale Notiz zu Schmerzpunkten, aktuellen und geplanten Projekten sowie zur Strategie vor:

1. Suche Gespräche mit Prozessverantwortlichen, mit der Geschäftsleitung und mit den Mitarbeitenden. Die meisten Infos bekommst Du aus den informellen, ungezwungenen Gesprächen.
2. Suche ein Gespräch mit der Geschäftsleitung oder umgekehrt mit QM-Verantwortlichen. Haltet eure Erkenntnisse im Team fest. Nur so findet ihr heraus, wie ihr mit Audits etwas bewegen könnt.
3. Hole Dir aus den oben genannten Aktivitäten Infos über den Ist- und Soll-Zustand Deines Unternehmens.
4. Mache eine kurze und leichte Umfrage über die Schmerzpunkte. Menschen haben ein starkes Mitteilungsbedürfnis. Nutze das aus. Trau Dich auch zu fragen, was die Menschen von internen Audits und Lieferantenaudits für sich erwarten, damit ihnen Audits Mehrwert liefern. Du wirst überrascht sein, wie viel wertvollen Input Menschen haben.
5. Analysiere den bisherigen Auditprozess und deren Ergebnisse. Suche bewusst nach dem, was super lief (unbedingt behalten), und dort, wo Handlungsbedarf entsteht.

Am Ende hast Du Antworten auf die Fragen:

- Welche Herausforderungen habt ihr gerade?
- Welche Schmerzpunkte haben aktuell die Prozessverantwortlichen und die Mitarbeitenden sowie die Geschäftsleitung?
- Welche Strategie verfolgt Dein Unternehmen gerade?
- Habt ihr eine Digitalisierungsstrategie?
- Welche Projekte laufen gerade und mit welchen Zielen?
- Welche Projekte und mit welchen Zielen sind diese geplant?
- Welche Chancen und Risiken seht ihr?

Deine Notiz kannst Du auch in Form einer Tabelle erstellen (Tabelle 4.1).

Tabelle 4.1 Ist-Soll-Analyse

Schmerzpunkte	Strategische Ziele/Maßnahmen
Aktuelle Projekte	**Geplante Projekte**
Chancen	**Risiken**

Es ist wichtig, mit der verantwortlichen Führungskraft bzw. mit der für QM verantwortlichen Person darüber zu sprechen, um ein gemeinsames Bild darüber zu haben, wo ihr steht. Erkläre zu Beginn jedes Gesprächs, warum Du diese Infos benötigst. Es geht nicht darum, dass Du Dich unnötig „einmischst", sondern dass Du bewusst wählst, wie Du mit Audits einen wertvollen Beitrag leistest. Unnötige parallele Aktivitäten kannst Du auch nur dadurch vermeiden, dass Du Dir einen Gesamtüberblick verschaffst.

Es ist daher sehr wichtig, ein klares Bild über Dein Unternehmen zu erhalten und zu wissen, wie Du am besten mit den Audits unterstützen kannst. Audits liefern Mehrwert. Wenn Du Schmerzpunkte oder Herausforderungen ansprichst, und „Schmerzmittel" anbietest, dann landest Du genau dort, wo Du hinmöchtest.

Darüber hinaus koordiniert ihr ähnliche Aktivitäten und Instrumente mit den gleichen Zielen, um effektiver und ohne Verschwendung von Ressourcen voranzukommen. Wie zum Beispiel Prozess- oder Produktreviews.

Quicktipp

Um der Ist- und der Soll-Situation systematisch und objektiv nachzugehen, kannst Du diese als Ziel eines internen Audits definieren. Diese Übung gilt als ein internes Audit, das nicht nur ein umfassendes Bild liefert, sondern Du führst damit auch ein Audit durch, das die Anforderungen der Norm erfüllt. Grundsätzlich kannst Du eine bestimmte, sauber definierte Aktivität mit einem bestimmten Ziel, zum Beispiel Vorbereitung auf Digitalisierung oder Potenzialanalyse, als ein internes Audit deklarieren.

Eine Auditprogrammverantwortliche versteht die Unternehmensstrategie und die aktuelle Lage des Unternehmens, um Audits bewusst zu steuern. Denn Du kannst nicht unterstützen, wenn Du nicht weißt, wohin das Unternehmen will.

Ergebnis von Schritt 2

Die Reise und Strategie des Unternehmens sind klar.

Aktuelle Projekte und Schmerzpunkte sind klar.

4.3.3 Schritt 3: Relevanz der Audits formulieren

Sobald Du ein Gesamtbild über die Ist- und Soll-Situation hast, ist es wichtig, die Relevanz für Audits in Deinem Kontext zu überprüfen. Ohne Relevanz kein sichtbarer Erfolg. Audits und die dazugehörigen Aktivitäten müssen Schmerzpunkte und Herausforderungen Deines Unternehmens ansprechen, um die Relevanz auf jeder Ebene zu spüren.

Zur Erinnerung: Audits liefern Informationen, ob das Managementsystem nicht nur die Anforderung der Norm, sondern auch die Anforderungen des Unternehmens erfüllt. Das bedeutet, dass es hier einen klaren Zusammenhang zwischen Auditeinsatz und Anforderungen des Unternehmens geben muss.

Anforderungen des Unternehmens können vielfältig sein. Nicht jede davon kann gut mit Audits abgedeckt werden. Hier lohnt es sich auch, eine Abgrenzung zu machen. Es ist wichtig, dass Du Audits in Zusammenhang mit Deiner Unternehmensstrategie bringst, etwa weil Du aus den Audits beispielsweise Erkenntnisse für die neue Strategie gewinnen oder den Stand der Strategieumsetzung mit Audits herausfinden willst.

Relevanz heißt, Audits werden nicht mehr punktuell durchgeführt, haben keinen Selbstzweck und unterstützen das Unternehmen bei aktuellen Herausforderungen und Projekten. Dabei ist es wichtig, die Unternehmensstrategie, IT-Strategie oder Digitalisierungsstrategie, Produkt- oder Entwicklungsstrategie sowie alle anderen relevanten strategischen Themen im Blick zu haben.

Um diese Frage auf die Relevanz ganzheitlich zu beantworten, lohnt es sich, die Sicht der Geschäftsleitung, des QMs oder der Auditorin zu holen. Wenn jeder sein eigenes „Warum" ausgearbeitet hat, kann eine gemeinsame Antwort auf die Frage „Warum sind Audits relevant für das Unternehmen?" gefunden werden. Im nächsten Schritt geht es um das „Wie". Wie könnten wir mit Audits dieses Thema systematisch angehen?

Wir sprechen hier bewusst von Relevanz, da die „gelernten" Nutzen und Ziele von Audits Dir möglicherweise keinen Mehrwert liefern. Finde also heraus, wie relevant Audits für Deinen Kontext sind.

Nachstehend weitere hilfreiche Fragen:

- Könnten wir mit Audits Best Practices und Wissenstransfer sicherstellen?
- Welche Normanforderungen sind hierzu relevant? Es ist wichtig, dass Du diese immer im Blick hast. Die ISO 9001 fordert in Kapitel 9.2.1:

> **9.2.1** Die Organisation muss in geplanten Abständen interne Audits durchführen, um Informationen darüber zu erhalten, ob das Qualitätsmanagementsystem:
>
> a) die Anforderungen
>
> 1. der Organisation an ihr Qualitätsmanagementsystem,
> 2. dieser internationalen Norm,
>
> erfüllt;
>
> b) wirksam verwirklicht und aufrechterhalten wird.
>
> (ISO 9001)

- Welche Kundenanforderungen sind hier relevant und müssen im Auditprogramm berücksichtigt werden?
- Welche Gesetzesanforderungen sind hier relevant und müssen im Auditprogramm berücksichtig werden?
- Welche internen Themen können mit internen Audits ohne großen Aufwand begleitet werden?
- Welche Quick-Wins aus der Ist-/Soll-Analyse können als Audits angegangen werden?

> **Quicktipp**
>
> Bitte beachte, dass die ISO-Norm von den Anforderungen der Organisation spricht. Welche diese sind, definiert das Unternehmen selbst. Nun gilt es mit Audits zu überprüfen, ob diese erfüllt sind. Lass also die Geschäftsleitung die Ziele und Schwerpunkte von Audits definieren.

Ein guter Weg ist es deshalb, die aus Schritt 2 (siehe Abschnitt 4.3.2) erkannten Themen festzuhalten, zu priorisieren und sich dann zu fragen, welche davon mit Audits unterstützt werden können.

Zwei Beispiele

- **Beispiel 1**

  Herausforderung: Bei den Gesprächen mit Produktionsleitern findest Du heraus, dass es unklar ist, wer für Geräteüberwachung zuständig ist. Abteilungen schicken Geräte zu verschiedensten akkreditierten Laboren. Die internen Vorgaben sind unklar. Die Datenbank zeigt, dass 60 % der Geräte überfällig sind. Erst beim Einsatz fällt es auf, dass diese nicht kalibriert sind.

  Wie Du mit Audits unterstützen kannst: Finde heraus, ob es hier ein systematisches Problem gibt. Besuche bewusst weitere Abteilungen und forsche auch zu anderen Themen, bei denen Du vermutest, dass auch Unklarheiten herrschen. Sammle Fakten und Daten. Nur so kannst Du die Geschäftsleitung überzeugen, dass Handlungsbedarf besteht. Beispielsweise könnten die Probleme bei der Geräteüberwachung darin begründet liegen, dass keine entsprechenden Verantwortlichkeiten zugewiesen wurden. Da dieses Thema systemkritisch ist, notiere es Dir, um es in den nächsten zwei Jahren mit zu auditieren.

  Auditstrategie: Für Deine Auditstrategie heißt es also, systematische Probleme mit Audits zu erkennen und speziell Geräteüberwachung – wo relevant – für die nächsten zwei Jahre konsequent als Auditpunkt aufzunehmen.

- **Beispiel 2**

  Herausforderung: Seit einem Jahr läuft das Projekt „Digi". Viele User sind unzufrieden. Du weißt aber nicht, ob das Projekt nur „gefühlt" schlecht läuft oder ob hier wirklich Handlungsbedarf gibt. Zudem fehlt es der Geschäftsleitung an Rückmeldung über den Nutzungsgrad der neuen Business-Applikation.

  Wie Du mit Audits unterstützen kannst: Mit Audits holst Du Dir Fakten und stellst konkrete Fragen. Wurden beispielsweise Anforderungen mit Mitarbeitenden besprochen, wurden Mitarbeitende in die Testphasen eingebunden? Ist es ihnen bewusst, dass das alte System Ende des Jahres nicht mehr verfügbar ist? Hier stellst Du mehreren Menschen diese Fragen, um repräsentative Meinungen zu bekommen.

  Auditstrategie: Ein Auditziel bis zum Abschluss des Projekts ist, Best Practices zu sammeln, zu verbreiten und Menschen mit gleichen Bedürfnissen zu verbinden. Menschen schätzen Auditoren, die wachsam sind, Best-Practice-Ansätze erkennen und unkompliziert weitergeben.

Der Umfang der Audits darf und muss konkreter sein als das, was die Norm verlangt. Hier fragt ihr euch im Team, welche Themenbereiche ihr mit Audits abdecken könnt. Wenn Umwelt und Arbeitssicherheitsmanagement bei Dir im Unternehmen aufrechterhalten werden müssen, dann ist das der beste Zeitpunkt, diese hier zu erwähnen. Zusätzlich darfst Du (und musst Du, wenn Du weiterkommen möchtest) auch Audits einsetzen, um weitere Vorhaben im Unternehmen zu unterstützen, z. B. Lean Management, Kundenreklamationen nachgehen, neue Geschäftsideen evaluieren.

Denke dabei ganzheitlich und prozessorientiert. Erkenntnisse von und zu vor- und nachgelagerten Prozessen sind weiterzugeben. So baut ihr Silodenken im Unternehmen Schritt für Schritt ab. Ein Beispiel: Bei der Entwicklung von neuen Produkten könnt ihr ein Audit planen mit dem Ziel, Risiken und Chancen entlang der Wertschöpfungskette aufzuzeigen, indem ihr mit allen direkt involvierten Abteilungen sprecht: Einkauf, Produktion, Entwicklung, Verkauf, Projektcontrolling etc.

Ergebnis von Schritt 3

Themenbereiche, die mit Audits abgedeckt werden sollen, sind definiert und abgegrenzt.

Eine bewusste Entscheidung, mit Audits einen Beitrag zur Umsetzung der Unternehmensstrategie und -ziele zu leisten.

Ein klarer Zusammenhang zwischen Audits, Normanforderung und Unternehmensstrategie und damit die Relevanz ist ausgearbeitet.

4.3.4 Schritt 4: Rahmenbedingungen schaffen

Ein gutes Vorhaben scheitert oft daran, dass die Rahmenbedingungen dafür nicht passen. Rahmenbedingungen müssen geeignet sein, sonst bleibt es bei einer einmaligen Übung, und gewünschte Ergebnisse werden nicht erreicht. Zwei Beispiele veranschaulichen dies:

- Eine Stadt will unbedingt eine saubere Stadt, stellt jedoch keine Entsorgungsmöglichkeit zur Verfügung.
- Du willst eine prachtvolle Pflanze in Deiner Wohnung, dieser gibst Du jedoch nicht die nötige Umgebung und Pflege, um zu wachsen.

Rahmenbedingungen sind die Umstände, unter denen Audits erfolgen, um Auditziele zu erreichen.

Zu den Rahmenbedingungen gehören in diesem Kontext die Verpflichtung der Geschäftsleitung, verfügbare Ressourcen für die Verwirklichung, Bestimmung der verantwortlichen Person, Sinnhaftigkeit des Vorhabens verstehen und kommunizieren, das gleiche Verständnis für sinnvolle Audits entwickeln und Raum lassen für Reflexionen und für Reviews.

Nachfolgend die zentralen Aspekte, die zu den Rahmenbedingungen gehören:

1. **Verpflichtung der Geschäftsleitung:** Hier sind die Führungskräfte gefragt, ein Bekenntnis zu geben, Audits sinnvoll einzusetzen. Es braucht Gespräche und ein gemeinsames Verständnis, was Commitment der Geschäftsleitung bedeutet.

   In vielen Gesprächen wünschen sich Auditoren und Qualitätsmanager wie Maya das Commitment der Geschäftsleitung. Doch das allein genügt nicht, wenn das Unternehmen nicht die gleiche Sprache spricht. Gehe deshalb nicht von Dir aus. Suche Dialoge und halte fest, was die Verpflichtung der Geschäftsleitung für euch als Team bedeutet.

   Erfolgreiche Führungskräfte definieren die Schwerpunkte sowie Ziele für die geplanten Audits mit dem Qualitätsmanager, denn sie kennen die strategische Ausrichtung der Firma am besten. Außerdem stellen sie die Ressourcen zur Verfügung.

2. **Verfügbare Ressourcen zur Verwirklichung:** Ein Vorhaben ohne abrufbare Ressourcen kommt nicht zum Abschluss. Was sind die kritischen Ressourcen? Geht es um Fachkompetenz, um Manpower, Infrastruktur (inkl. Hard- und Software) oder finanzielle Mittel? Stehen ausreichend Mittel zur Verfügung? Wenn nein, sprich mit Deinem Vorgesetzten. In der Regel braucht es lediglich ein bewusstes Ansprechen, damit die Umsetzung der Auditstrategie nicht an fehlenden Ressourcen scheitert. Wichtig ist, dass die notwendigen Ressourcen zur Verfügung stehen, wenn sie gebraucht werden.

   Weiterhin ist es unabdingbar, ein Kernteam zu definieren. Das Kernteam besteht idealerweise aus Managementsystemverantwortlichen, zwei Personen aus anderen Fachabteilungen, die über ihre Abteilungen hinausdenken. Die Anzahl der Teammitglieder und Zusammensetzung ist u. a. abhängig von der Komplexität des Geschäfts, der Branche und der Unternehmensgröße.

   Zudem ist es sinnvoll, die für die einzelnen Auditaktivitäten investierte Zeit zu erfassen. Involviert die Buchhaltung, um festzulegen, wie die Auditzeit zu erfassen/zu buchen ist. Beispielweise beantwortest Du hier die Frage: Unter welcher Kostenstelle sollen die Auditstunden erfasst und verrechnet werden? Die damit ermittelte Kennzahl unterstützt bei der Steuerung der Auditprozesse und hilft bei der Zeitplanung.

3. **Bestimmung der verantwortlichen Personen:** Zunächst sprechen wir von der verantwortlichen Person, die die Auditstrategie umsetzen wird. Diese Person ist idealerweise überzeugt von sinnvollen Audits und kann proaktiv an das Thema mit Leichtigkeit angehen. Erfolgreiche Qualitätsmanager wissen auch, wen sie wann einsetzen, und bauen Brücken im Unternehmen. Im Rahmen der

Auditprogrammsteuerung darfst Du immer wieder hinterfragen, ob ihr genug qualifizierte und motivierte Auditoren habt (siehe auch Abschnitt 10.2).

Gerade wenn es sich um Querschnittsthemen und konkrete Projekte handelt, braucht ihr auch beispielsweise IT-Verantwortliche im Auditpool und nicht nur die klassischen QM-Verantwortlichen. Weiterhin wird hier definiert, ob mit externen Auditoren (im Auftrag Deines Unternehmens) zusammengearbeitet soll. In einem Konzern oder einer Firma mit mehreren Standorten kann sich auch ein Auditorentausch anbieten.

In dieser Phase wird auch definiert, wo die Aufgaben für die Auditoren aufhören und welche Aufgaben bei der Auditprogrammverantwortlichen liegen. Diese Aufgabenzuordnung hältst Du im Prozess grob fest (siehe auch Abschnitt 4.3.5 und Abschnitt 3.2).

4. **Die Sinnhaftigkeit des Audits und des Vorhabens verstehen und konsequent kommunizieren:** Menschen sind leicht zu bewegen, etwas zu tun, wenn sie den Sinn dahinter sehen. Doch zuerst musst Du als Auditverantwortliche/r und als Führungskraft das selbst verstehen und verinnerlichen. Die weitere Vermittlung von Sinnhaftigkeit ist vom Adressaten abhängig und konsequent zu thematisieren. Der Kontext ändert sich, Menschen im Betrieb kommen und gehen. Jeder Mensch fragt sich automatisch: Was habe ich davon, wenn ich dieses Vorhaben unterstütze? Hier ist es sinnvoll, wieder die Schmerzpunkte vor Augen zu führen und den Link zu den Audits zu schaffen.

   Wenn ein Prozessverantwortlicher klagt, dass es zu viele Aktivitäten ohne Mehrwert für den Kunden gibt, dann kannst Du argumentieren, dass durch die Auditstrategie keine unnötigen Aktivitäten ohne Mehrwert für den Kunden aufrechterhalten werden. Du kannst weiterhin den Nutzen von Audits für den Kunden ins Zentrum stellen. An dieser Stelle ist es auch wichtig, den Umgang mit Auditergebnissen anzusprechen und mit den Ängsten von Mitarbeitenden umzugehen. Kommuniziere, dass Abweichungen aus den Audits keine negativen persönlichen Konsequenzen haben, sonst wird sich keiner trauen, wahrheitsgemäß zu berichten. Schlussendlich geht es darum, Prozesse zu verbessern, es geht nicht um die Suche nach einem Schuldigen.

   Es gehört zu Deiner Aufgabe als Führungskraft, Auditprogrammverantwortliche/r sowie als Auditorin/Auditor, die Sinnhaftigkeit zuerst für Dich zu verstehen und dann zu vermitteln.

5. **Raum für Reflexion und Reviews:** Lasse bewusst Raum für Erkenntnisse und Learnings. Pflege gleich zu Beginn eine Lernkultur, ermögliche Treffen der Auditoren, in denen sie Fallbeispiele besprechen oder sich über die Vorgehensweise austauschen, ohne die Auditstrategie aus den Augen zu verlieren. Nur durch gelebten Wissenstransfer und Erfahrungsaustausch kommt ihr weiter. Sollte Dein Betrieb sehr klein sein, mit einem oder höchstens zwei Auditoren,

dann tausche Dich mit Prozessverantwortlichen und mit der Geschäftsleitung aus. Mit der Bereitschaft, zu reflektieren und aus Geschehnissen zu lernen, gehst Du mit einem guten Beispiel voran.

Schaffe Raum zum Ausprobieren und zum Experimentieren, bis Du die wirksame Strategie für Dich gefunden hast.

Das Thema Reviews nach dem *Plan Do Check Act*-Ansatz besprechen wir im Detail in Abschnitt 5.3 sowie in Abschnitt 8.4. An dieser Stelle ist es wichtig, sich darüber zu einigen, dass Reviews essenziell sind.

Je nach Komplexität und Kontext Deines Unternehmens darfst Du mehr als diese fünf Punkte unter Rahmenbedingungen ansprechen und festhalten. Diese Übung ist wie alle anderen Übungen in diesem Buch keine einmalige Übung. Halte das, was als Standard gelten soll, in Deinem Auditprozess fest. Weiterhin empfehlen wir, eine Checkliste mit Reviewpunkten zu formulieren, um immer wieder von den Rahmenbedingungen ausgehend die aktuellen internen und externen Themen zu überprüfen und ggf. anzupassen.

Ergebnis von Schritt 4

Elemente für Rahmenbedingungen sind klar.

Ein Commitment der Geschäftsleitung ist abgeholt, um die nötigen Rahmenbedingungen jederzeit sicherzustellen.

Eine verantwortliche Person für Audits ist definiert, die sicherstellt, dass alle diese Schritte erfolgen.

Das Kernteam für den Auditprozess ist grob definiert und dessen Commitment ist abgeholt.

4.3.5 Schritt 5: Prozess, Performance und Reporting festlegen

In diesem Schritt skizzierst Du den Auditprozess, damit Du die grobe Methodik festhältst. Hier geht es darum, eine grobe Skizze für ein gemeinsames Verständnis zu schaffen, um weiterhin Performance-Indikatoren und Mindestvorgaben zum Reporting festzuhalten.

In unserer Story hat die Entwicklungsleiterin Karin bereits diese Rückmeldung gegeben: „Wenn solche guten Fragen von Maya im Rahmen des Audits nur alle drei Jahren gestellt werden, wo bleibt dann die Kontinuität?“ Es ist klar eine Ressourcenfrage, aber auch eine Investitionsfrage. Um dranzubleiben, darfst Du häufiger oder intensivere Audits planen.

Für eine grobe Skizze genügt ein unter Abschnitt 3.2 erwähnter Prozess oder nimm den Prozessablauf, den Du bereits in Deinem Unternehmen hast.

An dieser Stelle definiert ihr auch, was für euch wichtig ist, damit der Auditprozess gewinnbringend läuft, beispielsweise:

- Remote Audits wann immer sinnvoll durchführen. Benötigte Infrastruktur definieren und bereitstellen.
- Die Häufigkeit des Audits adressieren: Audits werden nur einmal im Jahr für alle durchgeführt oder alle Prozesse innerhalb von drei Jahren.
- Definiere, woran ihr erkennt, dass der Auditprozess gut läuft und die Auditstrategie umgesetzt wird.
- Welche Mindestdokumente und -Tools sind wichtig?

Wenn wir die Frage „Woran erkennst Du, dass Dein Prozess gut läuft?“ in der Praxis stellen, liefern die unterschiedlichen Stakeholder unterschiedliche Antworten für den gleichen Prozess und für dasselbe Unternehmen.

Im Team muss Einigkeit über die Messindikatoren bestehen. Es genügt auch, wenn ihr nur eine Auditkennzahl habt und mehrere Leistungsindikatoren, um rechtzeitig einzugreifen. In vielen Management-Review-Berichten wird die Anzahl durchgeführter Audits als Indikator festgehalten. Doch dies sagt wenig über die Qualität des Audits aus oder darüber, ob Audits tatsächlich zur Unternehmensstrategie beitragen.

Zu Beginn kannst Du z. B. die Anzahl durchgeführter Audits im Vergleich zum festgelegten Audit zwecks Planung erfassen und überwachen, um den Umsetzungsgrad herauszufinden. Aussagekräftiger sind jedoch Kennzahlen, bezogen auf die Zielerreichung, wie z. B.:

- Relevanz von aufgezeigten Risiken und Chancen
- Relevanz und Wert von weitergegebenen Best-Practice-Ansätzen
- Anzahl umgesetzter Maßnahmen im Vergleich zur Anzahl festgelegter Maßnahmen

Im Reporting darf und muss auch auf die qualitativen Ergebnisse eingegangen werden. Beantworte deshalb in dieser Phase:

- Woran möchtest Du erkennen, ob der Prozess gut läuft?
- Was berichtet ihr nach jedem Audit und einmal im Jahr als Input für die Managementbewertung?
- An wen berichtest Du Best Practice oder kritische Punkte und wann? Hier lohnt es sich, zeitnah weiter zu kommunizieren.
- Welche Kriterien helfen euch in Zukunft zu erkennen, ob Audits sinnstiftend sind und zum Unternehmenserfolg beitragen?

- Sind diese Angaben in der Managementbewertungsvorlage berücksichtigt?
- Wann werden die Auditergebnisse als Nächstes thematisiert?

Quicktipp

Unterschätze nicht die Macht der Information an alle Mitarbeitenden. Gewöhne Dir an, Mitarbeitende über die geplanten Audits und deren Ergebnisse inkl. Best Practice beispielsweise übers Intranet zu informieren. Mit jeder News erreichst Du Menschen, die mit der Zeit ein Teil dieser Bewegung sein wollen. Plane es so, dass es leicht ist, konsequent zu kommunizieren - nach dem Motto: „Tue Gutes und rede darüber".

Ob und wie gut Prozessaudits bei euch funktionieren, könnt ihr im Rahmen von Prozess- und Managementreviews formell und informell überwachen. Im Sinne von *Plan Do Check Act* (PDCA) überprüfe regelmäßig:

- den Auditprozess an sich und ob die Loops konsequent geschlossen werden
- die Ergebnisse von Audits - sind diese qualitativ genug?
- die Auditstrategie - tragt ihr mit Audits dazu bei, die Unternehmensstrategie umzusetzen?

Ergebnis von Schritt 5

Der grobe Auditprozess mit ausgewählten Tools und Dokumenten, Basismethodik sowie eine Häufigkeit sind definiert und bieten auch Raum für außerplanmäßige Audits. Remote Audit ist explizit erwähnt und kommuniziert.

Aussagekräftige Auditprozesskennzahlen und Leistungsindikatoren sind definiert.

Häufigkeit des Reportings und der Performance-Überwachung ist für alle klar.

Kriterien, um zu erkennen, ob ihr zielführende Audits plant, sind festgelegt.

Ergebnisse von Reviews haben Platz in der Managementbewertungsvorlage.

4.3.6 Schritt 6: Umsetzungsplan definieren und überprüfen

Jede Veränderung ist zunächst mal mit Unsicherheit verbunden. Es ist daher enorm wichtig, dass Du Dir einen Umsetzungsplan überlegst und mit der Geschäftsleitung besprichst. Ein praktischer Weg ist es, die neue Auditstrategie ohne große Ankündigung zu testen, verwertbare Ergebnisse zu holen und erst dann mit Deinen Vorgesetzten darüber zu sprechen.

Eine andere Option ist, die Auditstrategie zu planen, die Freigabe zu holen und dann bei einem kleinen, überschaubaren Projekt mit der Umsetzung zu beginnen. Mit diesem Projekt werden erste Erfahrungen gesammelt, und es kann dann gemeinsam mit der Geschäftsleitung entschieden werden, ob die Vorgehensweise für Dein Unternehmen passt oder ob es einen anderen Weg braucht.

Beide Variante haben Vor- und Nachteile. Du entscheidest am besten, was in eure Kultur passt.

So oder so brauchst Du einen Plan, um zu brauchbaren Ergebnissen zu kommen und die taktische und methodische Vorgehensweise zu klären. Der Plan beinhaltet:

- Wichtigste Meilensteine gemäß diesem Kapitel (Schritte 1 bis 7)
- Involvierte Personen und benötigte Ressourcen in jeder Phase
- Pilotaudits nach der neuen Auditstrategie
- Reviewtermine (mit Dir selbst und/oder mit der Geschäftsleitung), um die Umsetzung bewusst zu überprüfen
- Wann die Managementbewertung durchgeführt wird.

Bild 4.3 zeigt ein Beispiel eines Umsetzungsplanes. Nach jedem Meilenstein sollte das Umgesetzte iterativ überprüft und bei Bedarf der Plan angepasst werden.

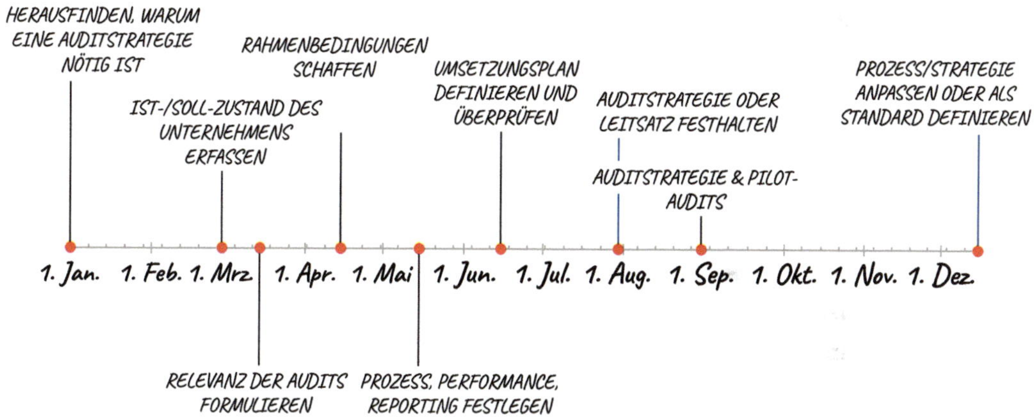

Bild 4.3 Auditstrategie: Umsetzungsplan

> **Ergebnis von Schritt 6**
>
> Geplante Pilotaudits nach neuer Auditstrategie.
>
> Umsetzungsplan/Roadmap mit festgelegten Meilensteinen und zu erwartenden Ergebnissen.

4.3.7 Schritt 7: Auditstrategie oder Leitsatz festhalten

„Qualität an erster Stelle“

„Sicherheit geht vor“ - ein Beispiel, um keine Kompromisse einzugehen, wenn es um Sicherheit geht.

„Mobile First Strategy“ - ein Beispiel aus Technologiekonzernen, das klar macht, wie wichtig mobile Geräte heute sind.

Diese Sätze sind Beispiele, wie sich eine Unternehmensstrategie in einem Satz prägnant zusammenfassen lässt. Auch die Auditstrategie sollte in dieser Form auf den Punkt gebracht werden.

Wie kommst Du zu einem knapp und eingängig formulierten Leitsatz? Bei der Bearbeitung der vorangegangenen sechs Schritte hast Du Dir bereits ein Bild davon gemacht, wohin die Reise geht und wie Du mit Audits Mehrwert liefern kannst. Aus Schritt 2 und 3 erkennst Du eine Leitplanke, die Dein weiteres Handeln bestimmt.

Zwei Beispiele

- **Beispiel 1**

  Aus Schritt 2 - Ist-/Soll-Analyse: Die Prozessverantwortlichen wissen kaum voneinander, Besprechungen sind nur abweichungsorientiert, es fehlt an Benchmarking und an Zeit, Wissen zu transferieren.

  Relevanz von Audits aus Schritt 3: Audits werden eingesetzt, um Best-Practice-Ansätze systematisch zu ermitteln und zu kommunizieren.

  Leitsatz: „Mit Audits fühlen wir den Puls des Unternehmens und zeigen Best Practices.“

- **Beispiel 2**

  Aus Schritt 2 - Ist-/Soll-Analyse: Es herrscht Uneinigkeit über den Nutzen von QM-Aktivitäten, inklusive Audits. Keiner ist bereit, sich Zeit für Audits zu reservieren. Sie können sich aktuell auch nicht viel darunter vorstellen, was dazu führt, dass keine konkreten Inputs geliefert werden.

  Relevanz von Audits aus Schritt 3: Audits werden eingesetzt, um den Nutzen von QM stärker hervorzuheben und Prozesse voranzubringen. Hier liegt es am Auditor, Menschen abzuholen und den Mehrwert zu vermitteln. Auditoren planen, die Sinnhaftigkeit sowie die Zusammenhänge von QM-Aktivitäten und strategischer Ausrichtung klarer zu veranschaulichen.

  Leitsatz: „Mit Audits liefern wir jederzeit Mehrwert für die Auditierten. Kein Audit ohne Sinn!“

Wird der Nutzen eines Audits klar vermittelt, werden die Beteiligten in ihrer Welt abgeholt und wird die gleiche Sprache gesprochen, dann ist die Wahrscheinlichkeit sehr hoch, dass Audits nicht nur akzeptiert, sondern auch als Chance auf Verbesserung interpretiert werden. Menschen müssen auf Anhieb verstehen können, um was es geht, die Normsprache ist dabei wenig hilfreich.

Weitere Leitsätze können beispielsweise sein:

- „Mit Audits zeigen wir Best-Practice-Ansätze und stellen den Wissenstransfer sicher.“
- „Mit Audits bringen wir unser Unternehmen voran.“
- „Mit Audits zeigen wir neue Chancen auf.“
- „Wir möchten mit Audits nicht nur die Norm erfüllen, sondern unseren Puls fühlen, uns verbessern und zur Wertschöpfung beitragen.“
- „Mit Audits zeigen wir, ob die Unternehmensstrategie auf dem Kurs ist.“

An dieser Stelle hast Du das „Big Picture“ für Dich ausgefüllt (Bild 4.4).

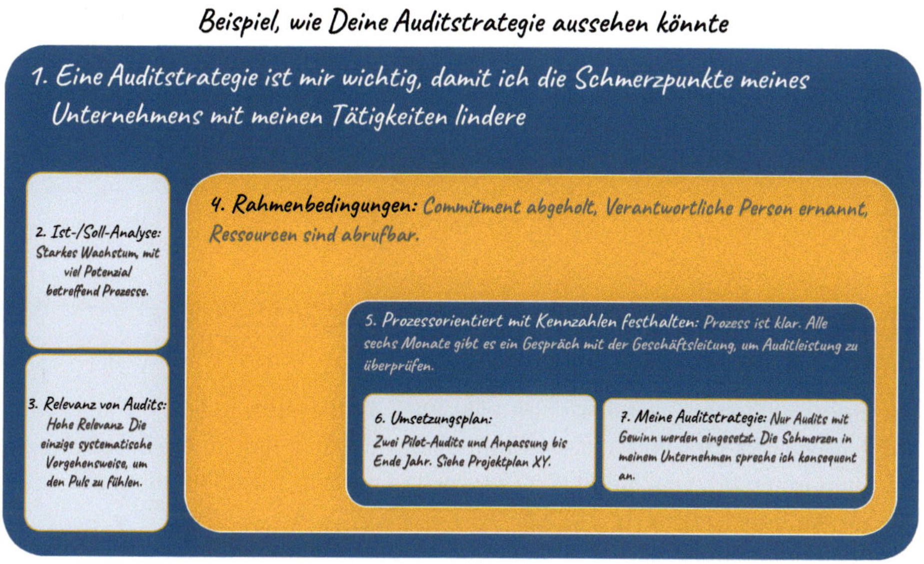

Bild 4.4 Das Big Picture Deiner Auditstrategie (Beispiel)

Zudem habt ihr Spielregeln definiert. Hilfreiche Spielregeln für die Praxis könnten beispielsweise sein:

1. Keine Aktivität wird angestoßen, ohne dass wir die Sinnhaftigkeit verstanden und kommuniziert haben.
2. Unsere Audittätigkeit spricht Schmerzpunkte an. Unsere Zielgruppe sind unsere Mitarbeitenden, und diese sind damit unsere Kunden. Dass die externen Auditoren zufrieden sind, ist ein tolles Nebenprodukt.
3. Wir dürfen dabei experimentieren und daraus für den Unternehmenserfolg lernen.

4. Wir gehen stets risikobasiert vor. Aufwand-Nutzen-Verhältnis ist jederzeit gewährleistet. Wir führen lieber weniger, aber dafür aussagekräftige Audits mit kompetenten Auditoren durch.
5. Unsere Audittools und -dokumente sind einfach handzuhaben.
6. Wir haben immer die Klarheit darüber, ob der Auditprozess gut läuft oder ob Handlungsbedarf entsteht.
7. Wir überprüfen die Wirksamkeit von unserem Vorhaben und gehen stets nach PDCA vor - im kleinen und im großen Umfang.

Du hast nun eine bewusste Entscheidung getroffen, was und wie Du mit Audits bewegen möchtest. Deine Vorgehensweise darfst Du hin und wieder hinterfragen. Mit diesem Bekenntnis fällt es Dir auch leicht, Deine Auditstrategie bei Bedarf anzupassen und zu kommunizieren. Audits werden nur noch gewinnbringend eingesetzt.

Ergebnis von Schritt 7

Eine klare Ausrichtung und eine klare Aussage über Deine Auditstrategie.

Ausgefüllter 7-Schritte-Plan.

Spielregeln, um dran zu bleiben.

4.4 Wichtigste Erkenntnisse

Mit einer Auditstrategie schaffst Du eine gute Auditkultur, indem Du zuerst die Sinnhaftigkeit Deines Vorhabens verinnerlichst und kommunizierst. Bei einem guten Audit unterstützt das Audit den Unternehmenserfolg und dient nicht nur dazu, die Normanforderungen zu erfüllen.

Merke Dir also Folgendes:

- Es ist essenziell, die Warum-Frage zu Beginn jedes Vorhabens zu klären. Warum brauchst Du eine Auditstrategie? Einige Beispiele haben wir Dir geliefert, am Ende beantwortest Du die Warum-Frage konkret für Dich. Wenn es noch nicht genug schmerzt, lasse Dir Zeit.
- Es ist wichtig, dass Du Dir Gedanken machst, was Du mit Audits erreichen möchtest.
- Betroffene einzubinden, ist ein zentraler Bestandteil dieser Phase. Dies hört nicht auf und darf nie unterschätzt werden.
- Habe Mut, Audits für weitere Themen wie beispielsweise die Digitalisierung einzusetzen.

- Die Auseinandersetzung mit den 7 Schritten schafft Klarheit für Dich und ein gemeinsames Verständnis für Audits im Unternehmen.
- Es ist wichtig, Messindikatoren festzuhalten, um zu wissen, ob Du mit Deiner Auditstrategie Dein Unternehmen unterstützt.
- Mache Dir einen Umsetzungsplan, damit Du die Auditstrategie erfolgreich implementieren kannst und die Ergebnisse iterativ überprüft werden können. Ohne Umsetzung keine Erkenntnisse. Dabei darfst Du klein starten, lernen, größer werden und mit der Zeit immer besser werden.
- Deine Strategie ist wirksam, wenn Du damit Dein Unternehmen in irgendeiner Form systematisch voranbringst. Sie ist nicht wirksam, wenn Du nur externe Auditoren glücklich machst.
- Es geht nicht darum, zeitlich aufwendigere Audits zu machen, sondern darum, weniger und konkretere Audits mit qualitativ besseren und relevanten Ergebnissen zu liefern. Dabei kannst Du Aktivitäten wie Potenzialanalyse, Vorbereitung der Digitalisierung, Einführung von agilen Ansätzen oder Lean Management als interne Audits deklarieren.

In unserem Beispiel des Unternehmens Zukunft GmbH sind Maya und ihr Vorgesetzter Paul bereits ein Stück weitergekommen. Alleine mit der Entscheidung, dass sie miteinander sprechen und auch eine Auditstrategie entwickeln, haben sie eine gemeinsame Basis, um mit Audits Mehrwert zu liefern.

Die Chancen stehen gut, dass Maya die Schmerzpunkte von Paul immer besser verstehen wird. Paul wird wiederum immer mehr verstehen, wie er Audits für sich nutzen wird, und nicht nur dazu braucht, um sich einmal im Jahr die Normerfüllung bestätigen zu lassen.

4.5 Wichtigste Dokumente

1. Deine Auditstrategie als Big Picture.
2. Angepasste Management-Review-Vorlage, um die neue Auditstrategie und deren Wirksamkeit stets anzusprechen. Zur Erinnerung: Die ISO 9001 verlangt, dass die Ergebnisse von Audits als Input eingereicht werden. Alle anderen Eingaben für die Managementbewertung können auch mithilfe von Audits klarer ausgearbeitet werden.
3. Grobe Prozessbeschreibung „Audits umsetzen“ mit Kennzahlen, mit Verantwortlichkeiten sowie das Festhalten, dass Ziele und Schwerpunkte für das Auditprogramm durch die Geschäftsleitung vorgegeben werden.

9.3.2 Eingaben für die Managementbewertung

Die Managementbewertung muss geplant und durchgeführt werden, unter Erwägung folgender Aspekte:

a) des Status von Maßnahmen vorheriger Managementbewertungen;
b) Veränderungen bei externen und internen Themen, die das Qualitätsmanagementsystem betreffen;
c) Informationen über die Leistung und Wirksamkeit des Qualitätsmanagementsystems, einschließlich Entwicklungen bei:
   1. der Kundenzufriedenheit und Rückmeldungen von relevanten interessierten Parteien;
   2. dem Umfang, in dem Qualitätsziele erfüllt wurden;
   3. Prozessleistung und Konformität von Produkten und Dienstleistungen;
   4. Nichtkonformitäten und Korrekturmaßnahmen;
   5. Ergebnissen von Überwachungen und Messungen;
   6. Auditergebnissen;
   7. der Leistung von externen Anbietern;
d) Angemessenheit von Ressourcen;
e) Wirksamkeit von durchgeführten Maßnahmen zum Umgang mit Risiken und Chancen (siehe 6.1);
f) Möglichkeiten zur Verbesserung.

(ISO 9001)

4.6 Reflexionsfragen

Mache Dir erst mal ein Gesamtbild. Später priorisierst Du Dein Vorhaben, damit Du Dich Schritt für Schritt verbesserst. Das Ziel dabei ist nicht, auf Anhieb den großen Wurf zu landen, sondern die stetige Verbesserung in kleinen Schritten. Stelle Dir folgende Fragen:

1. Tragen die Audits bei euch bisher zur Erreichung von Unternehmenszielen bei?
2. Unterstützen Audits die Digitalisierungsprojekte oder andere Projekte?
3. Sind die Audits aus Sicht der Mitarbeitenden sinnhaft?
4. Welche Herausforderungen hast Du gerade zum Thema Audits?
5. Welche Herausforderungen haben gerade Auditoren und Auditorinnen, Geschäftsleitung und Prozessmanager, die Du mit Audits systematisch ausleuchten und damit aktiv zur Lösung beitragen kannst?
6. Was brauchst Du konkret und von wem, um Deine Auditstrategie umzusetzen?
7. Macht für Dich eine Auditstrategie Sinn?

5 Auditprogramm risikobasiert steuern

Mit der bewussten Auditstrategie hast Du eine solide Grundlage für Dein Auditprogramm. Das Auditprogramm bringt erst Deine Auditstrategie und Deinen Auditprozess ins Laufen. Dabei behältst Du das Ziel fest im Blick, und zwar Audits nur noch für den Unternehmenserfolg einzusetzen. Es genügt allerdings nicht, irgendein Auditprogramm zu haben. Dieses ist bewusst risikobasiert zu steuern (Bild 5.1).

In diesem Kapitel beantworten wir folgende Fragen:

1. Was ist ein Auditprogramm?
2. Warum brauchst Du ein risikobasiertes Auditprogramm bzw. was bringt Dir ein risikobasierter Ansatz in diesem Kontext?
3. Wie wendest Du das PDCA-Modell bei der Auditprogrammsteuerung an?
4. Gibt es gute Beispiele aus der Praxis?

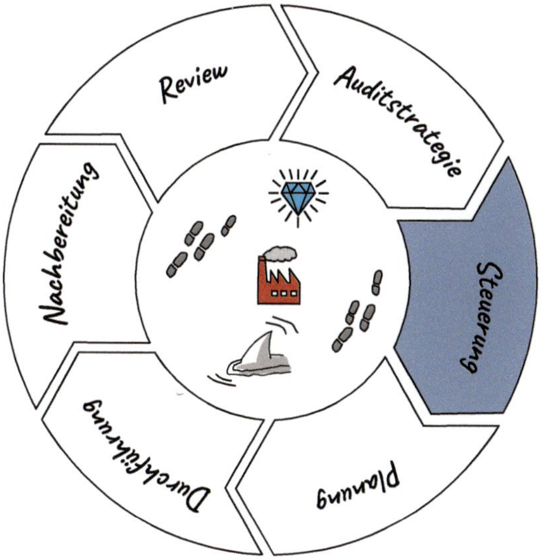

Bild 5.1
Phase 2 des Auditprozesses: Steuerung

Bevor wir in diesem Kapitel tiefer einsteigen, werfen wir einen Blick auf Maya und Paul.

In dem Beispiel des Unternehmens Zukunft GmbH sind Maya und ihre Vorgesetzten bereits ein Stück weitergekommen, in dem sie sich Zeit nahmen, um gemeinsam eine Auditstrategie zu entwickeln.

Paul hat nun Schwerpunkte und Ziele für dieses Jahr festgelegt: nämlich, Bereitschaft (menschlich und prozesstechnisch) in den Bereichen Entwicklung und Produktion sowie in der Verpackung für eine Automatisierung zu ermitteln. Gleichzeitig möchte er erfahren, welche Prozesse und Prozessschritte auditiert werden können mit dem Ziel, Kosten um 30 % gegenüber dem Vorjahr zu senken.

Für Maya ist dieses Ergebnis wichtig, da sie nun den Rückhalt ihres Chefs hat. Außerdem deckt sich das mit dem, was sie in der Analyse- und Relevanzermittlungsphase herausgefunden hat, nämlich:

> Mit den nächsten Audits möchte sie Chancen der digitalen Transformationen erkennen, um Kosten wirksam und langfristig zu reduzieren sowie den Umsatz mit neuen Marktchancen zu steigern.

Viele Prozessverantwortliche haben bereits mitgekommen, dass hier ein neuer Ansatz auf sie zukommt. Sie sind skeptisch und fürchten in Zukunft noch mehr Überwachungen. Nur Karin, die Entwicklungsleiterin, freut sich sehr darüber. Sie hat nicht nur bereits Input an Maya und Paul platziert, sie hat sich sogar bereit erklärt, als Auditorin aktiv mitzuwirken. So hat sie die Chance, die vor- und nachgelagerten Prozesse mit dem Input und Output aus dem Entwicklungsprozess in Verbindung zu bringen.

Mayas Herausforderungen sind nun folgende:

- Das nächste ISO-Audit ist in vier Monaten. Wie wird die externe Auditorin darauf reagieren?
- Für das neue Ziel von Audits, nämlich Automatisierungsbereitschaft in den ausgewählten Bereichen zu ermitteln, hat Maya drei Personen, mit Karin nun vier interne Auditoren. Von der Qualifikation und Kompetenz her braucht sie noch jemanden, der die IT-Strategie kennt, um Pauls Anliegen (Akzeptanz der vorgesehenen Automatisierungen sowie Kostensenkungsplänen), noch mehr Gewicht zu verleihen.
- Ihr ist bewusst, dass Pauls Anliegen strategisch wichtig ist. Sie weiß aber auch von Reklamationen, die den Produktionsleiter aktuell beschäftigen. Sie fragt sich, wie sie diese Themen geschickt verbinden kann. Sie hat bereits von dem risikobasierten Ansatz gehört, diesen jedoch selbst noch nicht bewusst eingesetzt.

5.1 Was ist ein Auditprogramm?

Zur Wiederholung: Gemäß ISO 19011 ist ein Auditprogramm:

> „Festlegungen für einen Satz von einem oder mehreren Audits […], die für einen spezifischen Zeitraum geplant werden und auf einen spezifischen Zweck gerichtet sind."

In der Praxis verkommt das Auditprogramm mehr und mehr zu einem Terminplan, der nur aussagt, welche Audits in welchen Bereichen des Unternehmens geplant sind, um die Normkonformität nachzuweisen. Unter Berücksichtigung der Auditstrategie und des risikobasierten Ansatzes hat das Auditprogramm jedoch eine zentrale Funktion und ist nach dem PDCA-Modell auszurichten (Abschnitt 5.3).

Das Auditprogramm umfasst die aktuellen Themen und Herausforderungen sowie Schwerpunkte, die von der Geschäftsleitung festgelegt werden. Das Auditprogramm ist „the single point of truth". Außerplanmäßige Audits dürfen dabei unabhängig davon stattfinden, der Plan ist jedoch anschließend anzupassen.

Das Auditprogramm beinhaltet auch Informationen über einsetzbare Auditoren und Ressourcen, sodass die Audits innerhalb des festgelegten Zeitrahmens wirksam und effizient durchgeführt werden können. Es kann für ein Jahr oder für mehrere Jahre erstellt werden. In der Praxis sind die meisten Auditprogramme für drei Jahre vorgesehen, in Anlehnung an die Zertifizierungsperiode. Die ISO 9001 gibt keinen konkreten Zeitplan vor:

> **9.2.1** Die Organisation muss in geplanten Abständen interne Audits durchführen, um Informationen darüber zu erhalten, ob das Qualitätsmanagementsystem:
>
> a) die Anforderungen
>   1. der Organisation an ihr Qualitätsmanagementsystem,
>   2. dieser internationalen Norm,
>
> erfüllt;
>
> b) wirksam verwirklicht und aufrechterhalten wird.
>
> (ISO 9001)

Wir empfehlen Dir, mindestens jährlich ein Systemaudit durchzuführen oder mehrere Prozessaudits pro Jahr. Ein Dreijahresprogramm hat den Vorteil, dass Du sicherstellst, dass Du alle Prozesse und Bereiche innerhalb einer gewissen Zeit abdeckst.

Folgende Punkte sollten bei der Erstellung des Auditprogramms und bei der Festlegung der Auditziele berücksichtigt werden:

- für Dein Unternehmen geltende Normenanforderungen (dies gibt Dir die Möglichkeiten von Kombinationsaudits)

- für Dein Unternehmen geltende Gesetzes- und Behördenanforderungen
- die Ziele Deiner Organisation
- relevante interne und externe Themen
- interessierte Parteien und deren Erwartungen
- Vertraulichkeit
- vergangene Audits und deren Ergebnisse
- Größe und Art Deiner Organisation: Gibt es mehrere Standorte oder Länder, kannst Du einige Prozesse zusammenfassen?

Das Auditprogramm sollte in Anlehnung an die ISO 19011 folgende Inhalte umfassen (ISO 19011:2018 Kap. 5.1):

- Ziele des Auditprogramms und Ziele der einzelnen Audits, unter Berücksichtigung von vergangenen Audits, aktuellen Reklamationen, Stakeholder-Analysen und Erkenntnissen aus weiteren Aktivitäten. Die Geschäftsleitung legt hier Schwerpunkte fest und damit das Ziel für Audits. Im Ergebnis muss die Frage beantwortet werden, was Du am Ende der Auditperiode herausfinden willst. Beispiele von Zielen können sein: Chancen und Risiken je Prozess feststellen, aktueller Kundenumfrage nachgehen, Reifegrad der Digitalisierung bestimmen.
- Risiken und Chancen in Verbindung mit dem Auditprogramm und die Maßnahmen zu ihrer Behandlung. Sprich: die Erkenntnisse darüber, ob die Umsetzung gefährdet ist
- Umfang (Ausmaß, Grenzen, Standorte) jedes Audits innerhalb des Auditprogramms
- Zeitplan (grob) und Dauer der Audits
- Auditarten wie intern oder extern, Prozess-, Projekt, Produkt oder Systemaudits
- Auditkriterien: Bezugsgrundlagen für einen Soll-Ist-Vergleich. Beispiele sind die ISO-Normen, Gesetze und auch interne Vorgaben wie Prozessbeschreibungen
- Anzuwendende Auditmethoden (z. B. Interview, Dokumentenreviews, Remote)
- Auswahlkriterien für die Auditteammitglieder
- Relevante dokumentierte Informationen

Quicktipp

Für eine gewinnbringende Umsetzung eignen sich auch Workshops als Auditmethode anstatt Fragen und Antworten im steifen Rahmen. Der Vorteil: Hier kommt ihr schnell von Problemen zu Lösungen. Das Team wird in diesem Rahmen kreativ und entwickelt schnell Lösungen, um Abweichungen zu begegnen. Probiere es mal aus. Wenn es sich für euch eignet, dann unbedingt als Auditmethode festhalten.

Es ist legitim, je nach Umfang Deiner Organisation gewisse Themen einmalig in einer Prozessbeschreibung festzuhalten, weil sie sich kaum ändern, wie zum Beispiel Auswahlkriterien für Auditteammitglieder.

Ein Auditprogramm hingegen ist ein Arbeitsdokument, das jederzeit geändert werden kann und auch bei geplanten oder ungeplanten Änderungen geändert werden muss.

Quicktipp

Die ISO 19011 gibt einen umfassenden Leitfaden zur Steuerung eines Auditprogramms. Dieser ist allerdings nicht sehr eingängig formuliert und eignet sich eher für Fortgeschrittene. Zu finden ist dieser Leitfaden in Kapitel 5 der ISO 19011.

5.2 Welchen Sinn hat ein risikobasiertes Auditprogramm?

Spätestens seit der Überarbeitung der aktuellen Norm ISO 9001 wurde das Wort risikobasiert geprägt. Ein risikobasierter Ansatz bedeutet nichts anderes, als das Aufwand-Nutzen-Verhältnis noch mehr im Blick zu haben. Die Aufwände des Qualitätsmanagements sind je nach Risiken und Chancen anzupassen. Nützliche Fragen sind:

- Wo haben wir die größten Risiken?
- Wo haben wir die größten Chancen?
- Welchen der Themen geben wir Priorität?
- Warum haben wir bestimmte Themen priorisiert? Welcher erwartete Nutzen oder welche Auswirkung auf das Gesamtunternehmen sind zu erwarten?

Kriterien für Priorisierung können sein:

- Fehlerhäufigkeit: Wie oft kommt etwas vor?
- Wie viele Mitarbeitenden oder Prozesse sind betroffen?
- Welches Ausmaß (negativ oder positiv) hat eine bestimmte Vorgehensweise?

Somit ist unnötige Bürokratie Geschichte. Qualitätsmanagementaktivitäten werden nicht angestoßen, weil es immer so war, sondern weil sie Nutzen bringen.

Was bedeutet „risikobasiert" im Kontext der Auditierung? Dies teilen wir in drei Ebenen:

1. **Programminhalt risikobasiert steuern**: Welche Bereiche werden mit welchem Fokus und mit welchen Schwerpunkten in einer Periode auditiert? Warum wählst Du gerade diese? Achte auf das Ausmaß und die Auswirkung von Handeln oder Nichthandeln. Dies erfolgte aus der aktuellen Risiken- und Chancen-

ermittlung Deines Unternehmens oder aus Deiner zuvor ermittelten Ist-/Soll-Analyse in Abschnitt 4.3.2.

2. **Risiken der Audittätigkeit an sich, betreffend Umsetzung des Programms**: Nachdem es klar ist, welche Prozesse mit welchen Zielen auditiert werden, geht es darum, die verfügbaren Ressourcen risikobasiert zu nutzen: mit möglichst wenig Ressourcen die Ziele des Auditprogramms erreichen und Maßnahmen frühzeitig zu erkennen, falls Auditziele nicht erreicht werden können.
3. **Risikobasierten Ansatz weitergeben an die Auditoren, damit sie diese auch während des Audits gewinnbringend einsetzen**. Zunächst erwähnst Du die Schwerpunkte der Audits. Weiterhin sind Deine Auditoren so zu schulen, dass Audits vor Ort ebenso mit diesem risikobasierten Ansatz stattfinden und Sequenzen entsprechend ausgewählt werden. Die Audits sollten stets an den Auftraggeber (für interne Audits die Geschäftsleitung) und an Auditzielen auszurichten. Die Auditoren können dabei die Themen unterschiedlich gewichten. Beispiel: Es gibt heuer bisher lediglich drei Reklamationen, und diese haben keine bedeutende Auswirkung auf das Produkt oder die Dienstleistungsqualität. Hier ist die Frage, ob es nicht weitere wichtigere Themen zu besprechen gibt. Auch die aus dem Audit resultierenden Maßnahmen sind entsprechend ihrer Relevanz zu priorisieren.

Ein risikobasierter Ansatz berücksichtigt stets die größten Schmerzpunkte in einem Unternehmen und Tätigkeiten mit Aussicht auf große Wirkung auf das Gesamtunternehmen.

5.3 Auditprogramm nach dem PDCA-Modell

Wichtig ist es, von Beginn an diese Tätigkeit nach dem PDCA-Modell zu steuern.

Was bedeutet PDCA? PDCA steht für *Plan Do Check Act* (Planen, Durchführen, Prüfen, Handeln) und ist auch bekannt als Deming-Kreis.

Die ISO 9001 basiert auf dem PDCA-Ansatz und hält in Abschnitt 0.1 darüber fest:

> Diese Internationale Norm wendet den prozessorientierten Ansatz an, der das Planen-Durchführen-Prüfen-Handeln-Modell (PDCA, en: Plan-Do-Check-Act) sowie risikobasiertes Denken umfasst.
>
> Der prozessorientierte Ansatz ermöglicht einer Organisation, ihre Prozesse und deren Wechselwirkungen zu planen.
>
> **Das PDCA-Modell** ermöglicht einer Organisation sicherzustellen, dass angemessene Ressourcen für ihre Prozesse zur Verfügung stehen, die Prozesse gesteuert werden und dass Chancen zur Verbesserung bestimmt werden und auf diese reagiert wird.
>
> (ISO 9001)

Die ISO 19011 hat seit der letzten Überarbeitung auch den Auditprozess als PDCA dargestellt, was für mehr Verständlichkeit sorgt. Bild 5.2 zeigt einen Ausschnitt aus der ISO 19011 zur Auditprogrammsteuerung.

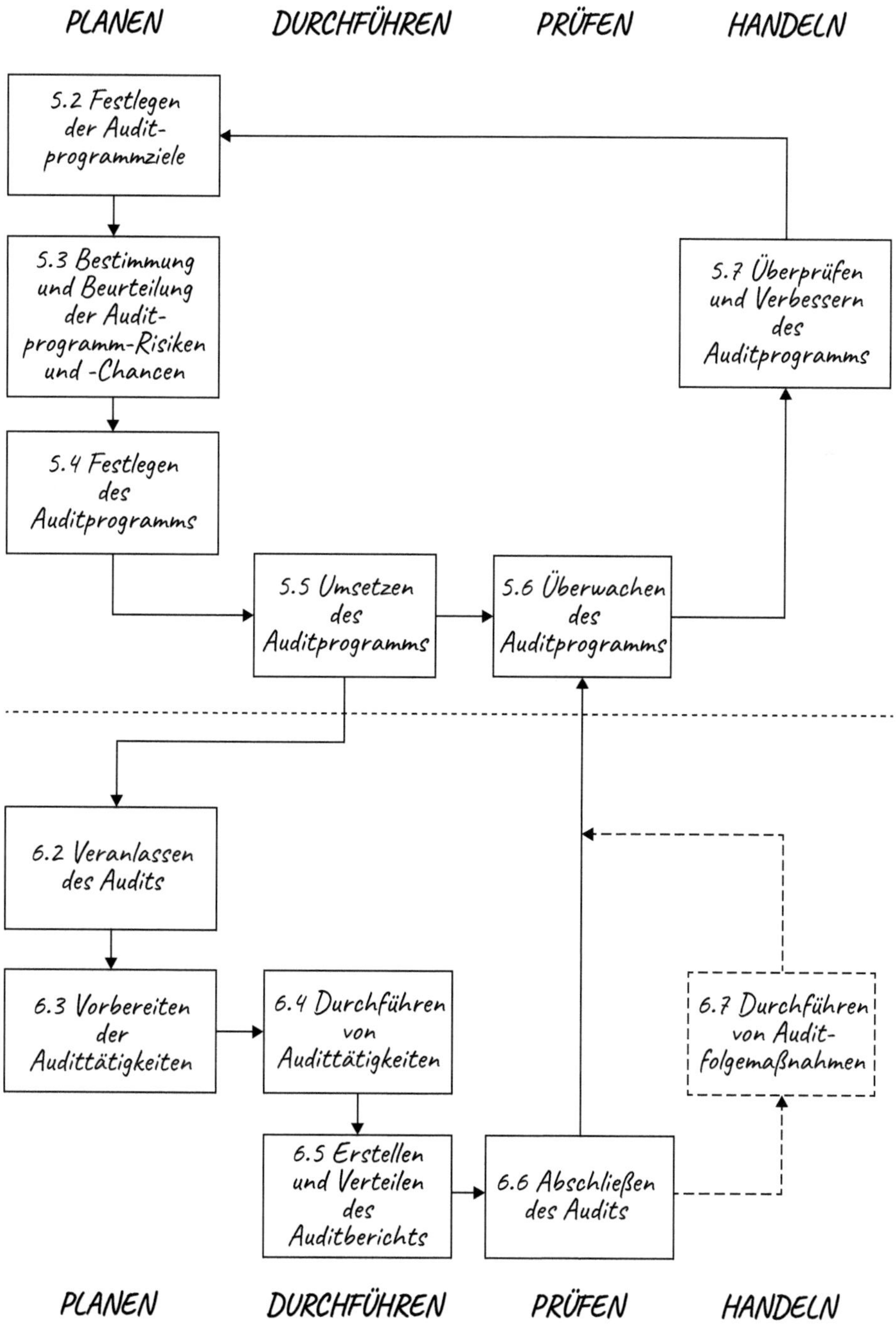

Bild 5.2 Der Auditprozess nach dem PDCA-Ansatz (ISO 19011)

Warum ist der PDCA-Ansatz sinnvoll?

Das PDCA-Modell ermöglicht prozessorientiertes Handeln und die konsequente Überprüfung der Wirksamkeit (siehe Bild 5.3). Anhand dieses Modells stellst Du sicher, dass Du angemessene Ressourcen für Deine zielgerichteten Audits und Informationen für das Auditprogramm zur Verfügung stellst, dass Du die Umsetzung bewusst überwachst und Erkenntnisse daraus als Basis für Verbesserungen oder Prozessbestätigung nimmst. Das PDCA-Modell hilft Dir weiterhin, dass Du schnell in die Umsetzung gehen kannst, nicht im Vorfeld alles perfekt planen musst, sondern dass Du mutig mit Deinem Auditprogramm startest und iterativ mit der Umsetzung immer besser wirst. Beim PDCA-Zyklus wird immer wieder überprüft, ob die umgesetzten Maßnahmen auch wirksam sind und verbessert werden können.

Der PDCA-Zyklus ist für das Auditprogramm selbst nötig, aber auch innerhalb der Umsetzung bzw. Planung und Durchführung eines Audits (siehe auch Kapitel 8).

Was musst Du nun konkret in jeder Phase des PDCA-Modells machen?

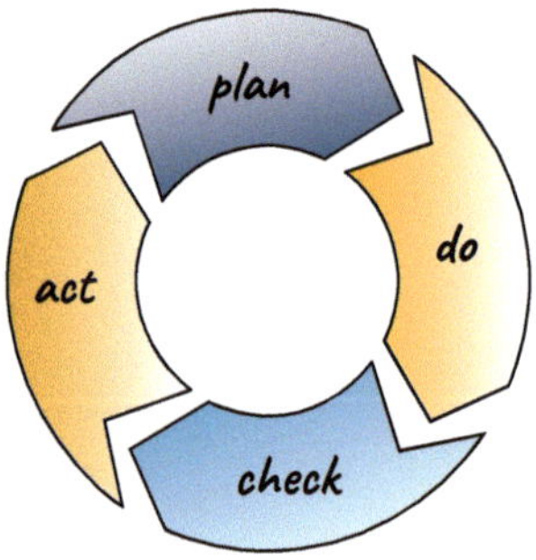

Bild 5.3
Plan-Do-Check-Act – auch Deming-Kreis genannt

Plan

In dieser Phase legst Du die Programmziele und Auditziele gemäß Deiner Auditstrategie sowie Chancen und Risiken Deines Unternehmens fest. Zu bestimmen sind die finanziellen, zeitlichen und personellen Ressourcen für die Umsetzung. Es müssen Auditoren ausgewählt werden, die kompetent und verfügbar sind. Bei Bedarf müssen entsprechende Schulungen erfolgen. Du musst dabei auch sicherstellen, dass der Auftrag für die Auditoren klar ist (siehe auch Abschnitt 6.1).

Der Auditauftrag umfasst u. a. die Auditziele des einzelnen Audits, Auditumfang sowie festgelegte Auditkriterien und Methode. Wenn möglich, gib Deinen Auditoren die Freiheit zu entscheiden, ob sie die Audits aus der Ferne, vor Ort oder einer Kombination von beiden machen möchten.

Weiterhin, falls relevant, sind die Auditoren über die geänderten Abläufe im Prozess zu informieren. Weiterhin ist die Zusammensetzung des Teams, die Zuweisung der Rollen, einschließlich der Pflichten und Rechte sowie weitere zu erwartenden Ressourcen zu klären.

Do

Beim Do geht es um die Umsetzung. Hier wird das Programm umgesetzt, indem Du die Audits durchführst oder durchführen lässt. Die Umsetzung an sich erfolgt auch wiederum anhand des PDCA-Ansatzes (siehe Kapitel 6 bis 8).

Check

In dieser Phase geht es darum, dass die Umsetzung im Blick bleibt. Wichtig ist, sofort zu reagieren, falls etwas nicht nach Plan läuft. Bitte Auditoren, dass sie unbedingt Hilfe einfordern müssen, falls das Erreichen von Auditzielen gefährdet sein sollte. Ausgehend von den definierten Messindikatoren und der Auditstrategie muss die Umsetzung laufend überprüft werden. Die Überwachungsmethoden können auch miteinander kombiniert werden. Überwacht werden müssen:

Dauer und Grad der Umsetzung, Qualität der Umsetzung, Qualität der Berichterstattung, Rückmeldung der Auditierten, Art und Qualität der Feststellungen, Selbstständigkeit, Eignung und Leistungen der Auditoren, Rückmeldung von den Auditoren (hinsichtlich Umsetzung des Programms, Handhabung von den Tools, Durchsetzung vor Ort), Umsetzung der Maßnahmen (inhaltlich und zeitlich), Vorhandensein der Verpflichtung der Geschäftsleitung

Die Wirksamkeit (Effektivität) muss dabei mindestens auf drei Ebenen hinterfragt werden (siehe auch Abschnitt 8.4):

1. Ebene Prozess und Auditstrategie – und damit das Auditprogramm. Ist es zielführend und wirksam? Verbesserungen, die sich aus der Überprüfung für das Auditprogramm ergeben können, sind: Audits mit Besuchen zu kombinieren, um Fahrzeit zu reduzieren, Standorte auf der gleichen Strecke am gleichen Tag zu besuchen.
2. Ebene Auditergebnisse und daraus folgende Maßnahmen: Werden die Maßnahmen aus den Audits auf ihre Wirksamkeit überprüft? Sind diese umgesetzt, und wenn ja bringen sie die erwünschte Wirkung?

   Sinnvoll ist, die Wirksamkeitsprüfung im Auditprogramm mit aufzunehmen. Du kannst Deine Excel-Tabelle oder Dein Auditsystem dabei mit folgenden Fragen erweitern:

   - Wurden die Maßnahmen aus den vergangenen Audits umgesetzt?
   - Wurde die Wirksamkeit überprüft, von wem und wann?
   - Sind die Maßnahmen aus Sicht der Beteiligten wirksam? Hier genügt es, wenn Du die Prozessverantwortliche kontaktierst oder Du – sofern die Entfernung es zulässt – kurz vorbeigehst, um diese Infos zu holen.

   Ein weiterer systematischer Weg ist, dass der Auditor die gleichen Fragen beim nächsten Audit den Auditierten stellt.

3. Jede beteiligte Person darf und soll seine Vorgehensweise auch hinterfragen mit dem Ziel, sich zu verbessern. Dies beinhaltet auch Schulungen (Abschnitt 8.4.3).

> **Quicktipp**
> Passe Deinen Auditplan oder die Checklistenvorlage so an, dass Punkte aus vergangenen Berichten zu Beginn der Auditsequenzen angesprochen werden. So stellst Du Kontinuität sicher und hast gute Chancen, dass Maßnahmen umgesetzt werden.
>
> Frage Dich weiterhin: Sind die Auditkennzahlen immer noch aussagekräftig? Sind sie für die Managementbewertung brauchbar?

Act

Je nach Ergebnissen aus der Check-Phase hast Du hier zwei Optionen. Erstens: Du hast die Erkenntnisse darüber, dass Dein Auditprozess so wirksam ist und damit eine Bestätigung für Dich, dass der Weg so stimmt. Zweite Option: Du hast Handlungsbedarf erkannt und definierst Maßnahmen daraus, um Deinen Prozess zu verbessern. Eine Folgemaßnahme kann auch das Informieren Deines Teams über relevante Themen sein.

Vergiss nicht, dass Ergebnisse aus den internen Audits ein Bestandteil der Managementbewertung sind. Kleinigkeiten, die nicht im Rahmen der Managementbewertung thematisiert werden, können direkt umgesetzt werden.

Spätestens bei der nächsten Planungsperiode solltest Du das Auditprogramm je nach gewonnenen Erkenntnissen anpassen, auf Aktualität überprüfen und mit Deiner Auditstrategie abgleichen. Zudem ist es wichtig, die relevanten Personen bei Änderungen miteinzubeziehen, um die Akzeptanz zu erhöhen.

> **Quicktipp**
> Regelmäßige Meetings oder Reviews bieten eine gute Möglichkeit, Ergebnisse aus den Audits mit dem Team zu thematisieren. Wir empfehlen, Auditergebnisse und Qualitätsthemen als fixe Agendapunkte aufzunehmen, selbst wenn es ab und zu nichts dazu zu sagen gibt. Nur so zeigt ihr, dass euch Qualität wichtig ist und dass die Ergebnisse aus den Audits nicht ins Leere gehen. So habt ihr Raum, um den Stand und die Ursache für Probleme anzusprechen.

Dieser Tipp durfte auch Mayas Sorgen entgegenkommen, wenn es darum geht, mit Pauls Unterstützung die Prozessverantwortlichen in die Pflicht zu nehmen.

> Wie geht es Maya und Paul nach einer Planungsperiode?
>
> Mayas Auditstrategie ist neu und wird zum ersten Mal umgesetzt. Sie hat dabei bereits erkannt, dass sie die Verantwortlichkeiten betreffend Maßnahmen neu definieren und kommunizieren muss.

Zum Glück haben Paul und Maya einen Reviewtermin zu Beginn der Auditperiode vereinbart, um das Konzept auf Eignung zu überprüfen. Alle Erkenntnisse werden bewertet: weiterhin beobachten, Konzept anpassen oder als nicht relevant.

Maya hat nun folgende Anmerkungen zu ihren anfangs geäußerten Bedenken:

- Das nächste ISO-Zertifizierungsaudit ist in vier Monaten. Wie wird die externe Auditorin auf ihre Auditstrategie reagieren? *Maya lässt es darauf ankommen. Sie ist überzeugt, dass ihr neuer Weg sinnvoll ist.*
- Im Pool von Auditoren hat sie drei Personen, mit Karin nun vier interne Auditoren. Von der Qualifikation und den Kompetenzen her braucht sie noch jemanden, der die IT-Strategie kennt, um Pauls Anliegen (Akzeptanz gegenüber vorgesehener Automatisierungen sowie Kostensenkungsplänen) noch mehr Gewicht zu verleihen: *Sie hat den neuen IT-Leiter Luka dafür gewonnen, dass er ihr als Fachexperte bei der Auditdurchführung zur Seite steht. Luka freut sich darauf, da er dadurch das Unternehmen besser kennenlernt.*
- Ihr ist bewusst, dass Pauls Anliegen strategisch wichtig ist. Sie weiß aber auch von Reklamationen, die den Produktionsleiter aktuell beschäftigen. Sie fragt sich, wie sie diese zwei Themen geschickt verbinden kann. Sie hat bereits von dem risikobasierten Ansatz gehört, sie selbst hat diesen noch nicht bewusst eingesetzt: *Nachdem sie nun den risikobasierten Ansatz verstanden hat, wird sie diese zwei Themen kombinieren: Potenzialanalyse, um Prozesse zu optimieren, ist nicht anders als Reklamation zu reduzieren. Sie wird sich so vorbereiten, dass sie zunächst die Ursache der Reklamationen aus dem Bearbeitungstool nachforscht und ggf. dem Produktionsleiter helfen, eine Lösung zu finden. Zum Thema „Reklamationen reduzieren" wird Maya anschließend einen Workshop durchführen. Das Ziel dabei ist, dass Reklamationen und der Reklamationsprozess ganzheitlich betrachtet und so Schwachstellen besser erkennbar werden. Damit dürfte der Produktionsleiter glücklich sein, und sie kann damit das Unternehmen voranbringen.*

Maya hat nun den Auftrag von Paul erhalten, Auditaufträge zu konkretisieren, die sich aus Zielen, Auditstrategie und Schwerpunkten ableiten. Das Ergebnis wird sie mit Paul besprechen. Somit stellt Maya sicher, dass Paul im Prozess eingebunden ist und dass er das Auditergebnis mitbeantwortet. ■

5.4 Praktische Beispiele von Auditprogrammen

Wie könnte ein einfaches Auditprogramm aussehen? Zu Erinnerung: Die ISO 9001 gibt nicht konkret vor, wie ein Auditprogramm auszusehen hat. Du bestimmst, mit welchem Tool Du ein Auditprogramm erstellst. Gewöhne Dir an, Dein Auditprogramm so einfach wie möglich zu gestalten und mit der Zeit anzupassen.

- **Beispiel 1**

  Systemaudits bzw. die Option Audits an einem Tag durchzuführen (Bild 5.4)

  Geeignet für kleine Betriebe mit einem Auditor und überschaubaren Prozessen von Auftragserteilung bis zum Abschluss aus Sicht Kunde

  Chancen

  - Zeit für Vor- und Nachbereitung sind minimal und komprimiert.
  - Gewonnene Erkenntnisse aus und zu den vor- und nachgelagerten Prozessen können unmittelbar weitergeben werden.

  Risiken

  - Klassische Qualitätsmanagementprozesse (Dokumente, Verbesserungen, Audits) werden vergessen, da die QM-Verantwortliche nicht selber auditieren darf.
  - Je nach Erfahrung von Auditoren ist die Sichtweise eingeschränkt.
  - Die Zeit ist zu eng kalkuliert, um auf die Bedürfnisse der Mitarbeitenden einzugehen.

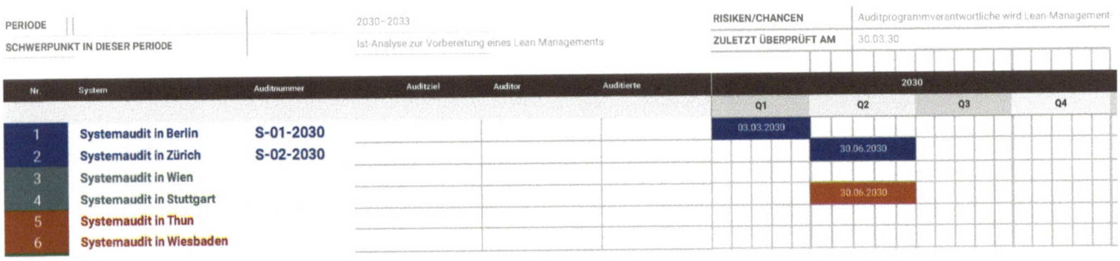

Bild 5.4 Auditprogramm: Systemaudit an einem Tag (Beispiel 1)

- **Beispiel 2**

  Prozessaudits auf mehrere Tage verteilt; Methodenmischung von vor Ort und Remote über ein Jahr verteilt durchführen (Bild 5.5)

  Geeignet für Betriebe mit mehr als drei Prozessverantwortlichen, mit mehr als einem Standort und grundsätzlich für globale Unternehmen

  Chancen

  - Befähigung von Auditoren an unterschiedlichen Standorten, um somit Kompetenzen auf- und auszubauen und ressourcenschonend einzusetzen.
  - Einsatz, Tausch und Erfahrungsaustausch von Auditoren aus verschiedenen Standorten/Bereichen.
  - Tieferer Einstieg in die Prozesse, um der Auditstrategie gerecht zu werden.

Risiken

- Nicht planbarer Koordinationsaufwand höher als mit Beispiel 1.
- Es ist so schwierig, systematische Erkenntnisse über das Gesamtunternehmen zu gewinnen.
- Es ist schwieriger, vor- und nachgelagerte Prozesse miteinzubinden.

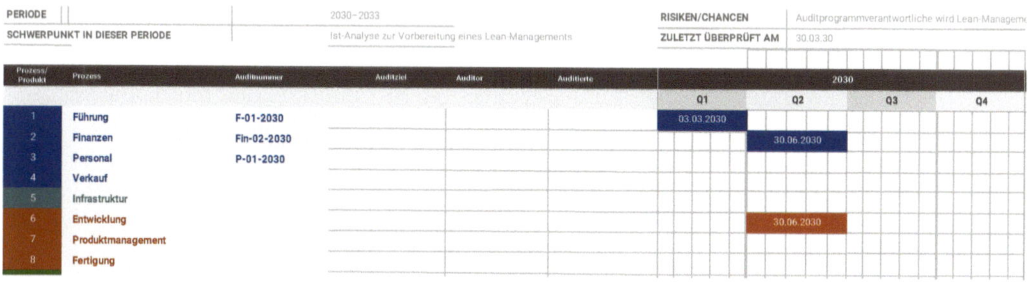

Bild 5.5 Auditprogramm: Prozessaudit in mehreren Tagen (Beispiel 2)

■ 5.5 Wichtigste Erkenntnisse

Die Auditstrategie liefert eine fundierte Basis für Dein Auditprogramm. Das Auditprogramm ist der „single point of truth“ und beinhaltet alle Informationen, die Du brauchst, um einzuschätzen, ob die Ziele erreicht werden. Sollte sich Deine Auditstrategie oder Deine Prozesslandschaft ändern, dann musst Du Dein Auditprogramm entsprechend anpassen.

Plane lieber weniger Audits, aber mache sie dafür so konkret und tiefgehend wie möglich!

Die Geschäftsleitung legt die Auswahl der auditierten Bereiche und die Auditziele fest. Dadurch ist gewährleistet, dass die Audits in Übereinstimmung mit der strategischen Ausrichtung sind.

Das Auditprogramm entwickelst Du risikobasiert. Die Risiken und auch Chancen werden dabei in Zusammenhang mit der Programmumsetzung fortlaufend ermittelt. Dieses risikobasierte Denken vermittelst Du an alle weiteren Auditoren, die diesen Ansatz auch für die einzelnen Audits verwenden. Das risikobasierte Denken spiegelt sich dann auch in den festlegten Maßnahmen wider.

Das Auditprogramm ist nach dem PDCA-Modell zu erstellen und zu steuern. Nach einer Planungsperiode stellst Du Dir folgende Fragen, um nächstes Mal das Auditprogramm besser zu steuern:

- Ist nach einer Umsetzung eines Auditprogrammes die Ist-Situation Deines Unternehmens klar?
- Gab es Erkenntnisse, die in das Auditkonzept einfließen, weil sich z. B. interne und externe Themen geändert haben?
- Wie war die Umsetzung für die Auditoren?
- Hast Du mit den ausgewählten Audits zum Unternehmenserfolg beigetragen? Wurden aktuelle relevante Themen angesprochen? Z. B. Wissensmanagement, Trends in der Digitalisierung oder Technologie, Energiepreise?
- Wie war die Wahrnehmung der Beteiligten? Inhaltlich und methodisch?
- Wurde der Auditauftrag klar und verständlich kommuniziert?

Die Erkenntnisse aus dem PDCA-Zyklus sollen sein: Du machst weiter so, und es hat euch weitergebracht. Wenn nicht, ist eine Anpassung des Prozesses sowie der dazugehörigen Dokumente nötig.

5.6 Wichtigste Dokumente

Auditprogramm: Ein Beispiel zum Download und zum Anpassen in Deinem Kontext ist verfügbar.

Auditauftrag: Hier handelt es sich nicht um ein formales Dokument. Der Auftrag als E-Mail genügt. Der Auftrag an die Auditoren muss klar und verständlich sein. Nur so schaffst Du eine wirksame Umsetzung.

Auditdokumente an die Auditoren: Falls neue hinzugekommen oder angepasst sind, Auditoren rechtzeitig darüber informieren.

5.7 Reflexionsfragen

1. Was ist Deine größte Herausforderung, wenn es um die Auditprogrammsteuerung geht? Denke dabei an Festlegung der Ziele, die Zusammenarbeit mit Deinem Team und die Anforderungen aus den vorliegenden Normen.
2. Wo fließen die Informationen nach den durchgeführten Audits wieder ein?
3. Kannst Du diese verwenden, um das Auditprogramm zu verbessern?

6 Fokussierte Planung und Vorbereitung von Audits

Mit dem Abschluss der Planung und Vorbereitung auf ein Audit hast Du bereits die halbe Miete zum erfolgreichen und zielorientierten Auditieren geschafft. In diesem Kapitel erhältst Du mit vier Schritten eine Vorgehensweise, wie Du Deine fokussierte Planung und Vorbereitung eines Audits erreichst (Bild 6.1).

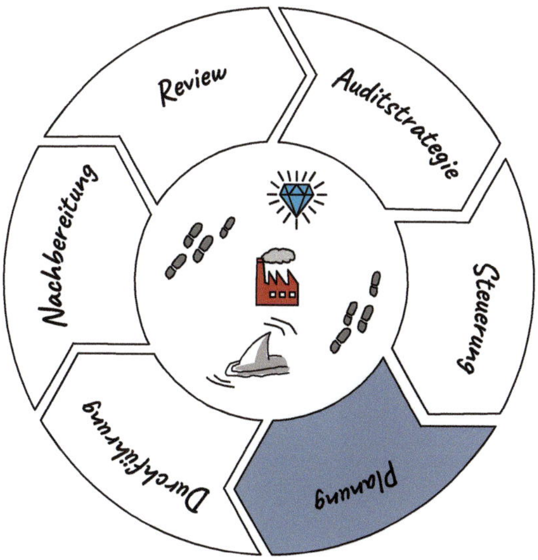

Bild 6.1
Phase 3 des Auditprozesses: Planung

Was denkst Du, wie lange die Planung und Vorbereitung von Audits im Verhältnis zu den anderen Phasen des Audits dauern?

Wir beziehen uns dabei auf die Rollen:

- eines Auditteamleiters (Lead-Auditor) und zugleich Auditprogrammverantwortlichen
- oder einer Auditteamleiterin (Lead-Auditorin) und zugleich Lieferantenverantwortlichen

Viele interne Audits und Lieferantenaudits nehmen viel Zeit in Anspruch. Dabei wird der eigentlichen Durchführung aus Sicht der Autoren relativ enorm viel Zeit spendiert, hingegen wird für eine konsequente Maßnahmeneinleitung, Überwachung und Wirksamkeitsüberprüfung weniger Zeit eingeplant. Was wäre aus Deiner Sichtweise eine angemessene Zeitaufteilung? Sowohl wenn Du Audits selbst durchführst als auch wenn Du diese nachbereitest. Die meiste Zeit sollte der Vor- und Nachbereitung gewidmet werden.

Bild 6.2 stellt den zeitlichen Aufwand in den Phasen der Vorbereitung bis zur Nachbereitung eines Audits dar. Diese Aufteilung ist eine Empfehlung aufgrund von Erfahrungswerten der Autoren und keine allgemeingültige Regel. Du kannst daher nach Bedarf variieren:

- Die **Planung (1)** besteht aus der Auswahl der fokussierten Themen und Fragen. Beide sollten ergebnisorientiert und wiederum am Mehrwert, der Auditstrategie ausgerichtet sein.
- Die Dauer der **Durchführung (2)** ist für viele vielleicht überraschend. Dies ist die zeitlich schlankeste Phase, in der die vorbereiteten Themen zielgerichtet über das Audit (Soll-/Ist-Abgleich) aufgenommen werden. Diese Phase wird mit dem nötigsten Personalaufwand durchgeführt, weil sonst unnötige Ressourcen gebunden werden.
- Die **Nachbereitung (3)** muss der zeitlich größte Anteil sein. Es geht hierbei um die Nachbesprechung der Beobachtungen und die Vereinbarung von Maßnahmen, Terminen und deren Verantwortlichkeiten zur wirksamen Umsetzung. Denn hier entsteht in der Folge die nachhaltige und zugleich wirksame Verbesserung für das Unternehmen und dem Lieferanten im Lieferantenaudit.

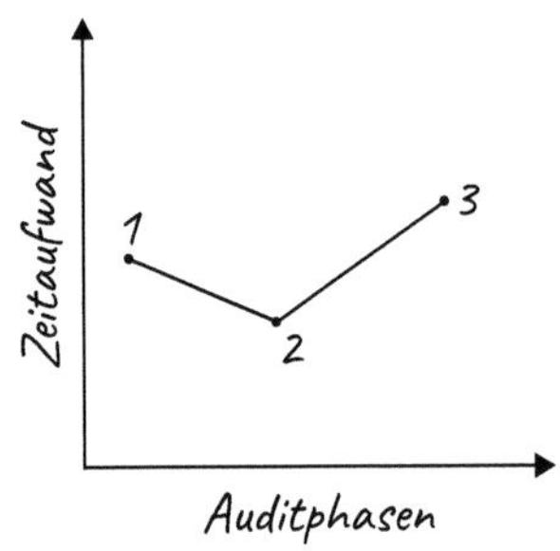

Bild 6.2
Zeitaufwand verteilt auf die Auditphasen

Fazit:

Wichtig ist hier zu unterscheiden, welche Rolle Du einnimmst. In der Rolle der Auditprogrammverantwortlichen nimm Dir mehr Zeit für die Nachbereitung (3), damit die daraus resultierenden Maßnahmen zeitnah umgesetzt werden.

Wenn Du jedoch lediglich die Rolle als Lead-Auditorin einnimmst, mit anderen Worten, wenn Du nicht für die Umsetzung und Wirksamkeitskontrolle von Maßnahmen verantwortlich bist, sollte die Nachbereitung (3) nicht länger als die Vorbereitung (1) dauern. Dazu hilft Dir eine zielgerichtete Nachbereitung (mehr dazu in Kapitel 8).

6.1 Nicht ohne meinen Auditauftrag

Nicht ohne meinen Auditauftrag starten! So lautet das Motto von Robin. Wer ist nun Robin und was hat Robin mit einem Auditauftrag von Maya zu tun?

Maya hat Paul gebeten, dass sie Unterstützung von einem externen Berater erhalten kann. Paul hat zur großen Freude von Maya zugestimmt.

Maya wird nun von einem erfahrenen Auditor namens Robin in einem Mentoring-Programm begleitet. Er hat Erfahrungen aus unzähligen internen Audits und weltweiten Lieferantenaudits mit unterschiedlichen Auditaufträgen. Mit der Planung und Durchführung von Audits steht er Maya mit Rat und Tat zur Seite und gibt ihr regelmäßig wertvolle Impulse zur direkten Umsetzung des Gelernten in die Praxis. Also unmittelbar in einem Audit. Somit kann Maya ihre gewonnenen Erkenntnisse austauschen und neue Impulse zur Umsetzung erhalten. Maya empfiehlt jedem angehenden, aber auch erfahrenen Auditor/Auditorin, die Möglichkeit einer Trainerbegleitung während des Audits zu nutzen, um sich schnellstmöglich verbessern zu können. Sie ist von der Zusammenarbeit mit Robin sehr begeistert, und es hilft ihr, das anstehende Audit Schritt für Schritt vorzubereiten.

Mit dem Beginn der Vorbereitungsarbeiten besprechen beide gemeinsam die Frage, was überhaupt unter einem Auditauftrag zu verstehen ist. Sie sprechen über die Sinnhaftigkeit und Notwendigkeit eines Auditauftrags.

Mit einem Auditauftrag meint Robin, dass idealerweise aus dem risikobasierten Auditprogramm ein Auftrag mit einem klaren Ziel und einer systematischen Vorgehensweise abgeleitet wird. Robin gibt eindeutig zu verstehen, dass ohne ein klares und verständliches Ziel ein Audit erst gar nicht anzunehmen ist. Maya ist sich dessen bewusst.

Weiterführend im Gespräch taucht von Maya die Frage auf, wie sie zu ihrem Auditauftrag kommt. Dies ist mit Abstand die wichtigste Frage zur Planung und Auftragsklärung.

Damit Maya zielführend und zeitsparend vorwärtskommt, hat Robin eine Zusammenfassung mit Fragen und Beispielen vorbereitet. Mit diesen Leitfragen und Beispielen kann Maya ihren Auditauftrag analysieren und kritisch auf Sinnhaftigkeit hinterfragen.

Die Inhalte, Ziele und Erwartungen eines Audits sind mit allen Involvierten (Auftraggeber, z. B. der obersten Leitung des Unternehmens oder mit dem Lieferanten und dem Auditteam) abzustimmen. Der Auditauftrag sollte mindestens ein Auditziel und daraus abgeleitet Auditkriterien, Auditart und Auditorganisation beinhalten:

- **Auditziel:**

  Wozu trägt das Auditziel bei? Z. B. Prozessbeschreibung bewerten, Nachweis der Umsetzung des Managementsystems, Umsetzung Qualitätsziele überprüfen, Überprüfung der Wirksamkeit von Maßnahmen, Verbesserung von Prozessen.

  Warum soll das Auditziel erreicht werden? Was ist der Nutzen? Z. B. Verbesserung der Risikominimierung im Prozessablauf. Die Antwort auf diese Frage hat einen hohen Wert für die Motivation und Sinnhaftigkeit aller Beteiligten.

- **Auditkriterien:**

  Die Auditkriterien ergeben sich aus dem Auditziel. Was ist die Auditgrundlage und welche Vorgaben sollen erfüllt werden? Kriterien können beispielsweise sein: Norm, Managementdokumentationen, Prozessbeschreibung, Prüfvorschrift, technische Zeichnung, Auditfragen.

- **Auditart:** Welcher Bereich wird begutachtet?
- **Auditorganisation:** Wie erreicht das Audit bestmöglich sein Ziel? Ab wann ist es sinnvoll, in der Praxis eine aussagekräftige Stichprobe zu erhalten?

Mit einem abgestimmten Auditauftrag geht es nun weiter in der schrittweisen Planung eines konkreten Audits.

Quicktipp

Das Ziel und den schriftlichen Auftrag solltest Du rechtzeitig an die Auditierten kommunizieren. Beispielsweise in der Einladung, im Einführungsgespräch nochmals erwähnen. Das sorgt für mehr Sicherheit und ein besseres Gefühl.

6.2 Schrittweise zu einer fokussierten Planung und Vorbereitung

Kannst Du Dir vorstellen schrittweise zu Deiner fokussierten Planung und Vorbereitung von Audits zu kommen?

Wie das geht, zeigen Dir die vier nachfolgenden Schritte:

- Schritt 1: Auswahl Deines Auditteams
- Schritt 2: Wissen über die auditierte Organisation sammeln
- Schritt 3: Prozesse eingrenzen und Fokus setzen
- Schritt 4: Auditplan erstellen und mit auditierter Organisation abstimmen

6.2.1 Schritt 1: Auswahl Deines Auditteams

Die Planung eines einzelnen Audits beginnt bereits mit der richtigen Auswahl des Auditteams. Schließlich willst Du zum einen ressourcenschonend das Audit durchführen, zum anderen aber auch das Audit mit der notwendigen Kompetenz ausstatten, um den Auditauftrag zielführend zu erreichen. Beides in Einklang zu bringen, ist oftmals eine schmale Gradwanderung. Fehlt Fachexpertise, dann muss diese hinzugezogen werden. Manchmal reicht es auch aus, einfach nach Unterstützung aus den Fachabteilungen zu fragen. Nachdem die Durchführung des Audits über den Auditauftrag festgelegt wurde, ist ein Auditteam auszuwählen.

Mit der bewussten Auswahl des Auditteams legst Du einen weiteren Grundstein für ein erfolgreiches Audit. Damit hast Du die Chance, die kritischen Erfolgsfaktoren (Abschnitt 3.4) zu begünstigen. Achte darauf, dass Du die gesamten Kompetenzen im Auditteam berücksichtigst (Kapitel 10).

Ein Audit wird je nach personellen Ressourcen klassisch durch ein Zweierteam durchgeführt. Es besteht in der Regel aus einem Lead-Auditor und einem Co-Auditor. Falls die notwendige Kompetenz durch die Auditoren im Auditteam nicht abgedeckt wird, ist ein Fachexperte zur Unterstützung des Teams hinzuzuziehen. Dies ist in häufigen Audits der Fall, dass immer mehr Fachexperten in interne Audits als auch Lieferantenaudits eingebunden werden. Schließlich sollten alle Unternehmensbereiche mit der Auditstrategie vertraut sein und auch ihren Beitrag dazu leisten. Durch eine aktive Einbindung in das Auditprogramm ist dies schon gegeben.

Auditoren im Rahmen einer Ausbildung, beispielsweise über ein Mentoring-Programm, können ebenso in das Team mit einbezogen werden, sollten aber unter der Führung und Anleitung eines erfahrenen Auditors teilnehmen und nicht aktiv in die Bewertung eingreifen.

Bei einer größeren Anzahl von Personen im Auditteam ist darauf zu achten, dass die Anzahl gegenüber dem Auditierten in einem angemessenen Verhältnis steht. Es kann bei einer Vielzahl von Personen des Auditteams eine Überforderung beim Auditierten ausgelöst werden. Ein Auditteam aus vier Personen ist noch gut zu führen und wirkt nicht so dominant.

Was bedeutet eine methodische oder fachliche Kompetenz?

☑ Methodische Kompetenz bedeutet, dass das Audit anhand des Auditprozesses systematisch und auftragsbezogen durchgeführt wird.

Fachliche Kompetenz bedeutet, dass das Audit mit einer fachlichen Expertise unterstützt wird, z. B. das Wissen und die Erfahrung einer Fertigungstechnologie wie z. B. Aluminiumdruckguss, Schweißen, Tiefziehen, Umformen. ■

Der Auditteamleiter muss nicht zwingend beide Kompetenzen aufbringen. Er muss aber zwingend die methodischen Fähigkeiten zur Planung und Durchführung eines Audits mitbringen. Die fachliche Expertise kann er unter Einbezug eines Experten gewährleisten.

Entscheide aber selbst über die Zusammenstellung Deines Auditteams.

Quicktipp

Wähle nur Teammitglieder aus, die etwas beizutragen haben, z. B. Experten aus den Bereichen Qualität, Entwicklung, Einkauf. Mit dem Einbinden von Experten aus Deinem Umfeld erhöhst Du nicht nur die Anzahl an Personen im Audit, sondern es hat den Vorteil, dass durch das Einbinden eine hohe persönliche Wertschätzung zum Ausdruck gebracht wird. Die involvierte Person wird motiviert sein, sich ins Audit wirkungsvoll einzubringen und im Anschluss darüber in ihrem Umfeld zu berichten. Aus der Erfahrung heraus meistens mit einem positiven Effekt – Stärkung der Zusammenarbeit und Verständnis für die jeweiligen Tätigkeiten durch den Auditkontext.

Vorbereitung

Damit Du als Auditteamleiter nicht alles im Audit alleine machen musst, teilst Du die Arbeit im Auditteam sinnvoll auf. Dies fängt bereits schon bei der Vorbereitung an. Am besten lädst Du zu einem Vorbereitungstermin ein mit der Bitte, sich für das entsprechende Audit in Bezug auf den Auditauftrag vorzubereiten.

- **Mögliche Themen zur Vorbereitung für ein internes Audit:**
  - Besondere Auffälligkeiten
  - Änderungen
  - Kontextanalyse
  - Ergebnis vergangener Audits
- **Mögliche Themen zur Vorbereitung für ein Lieferantenaudit:**
  - Änderungen in der Unternehmensstruktur, die einen möglichen Einfluss haben könnten
  - Auffälligkeiten bei der Lieferperformance und Qualitätsperformance aus den letzten 12 Monaten (Trend, Besonderheiten)

Im Vorbereitungstermin solltest Du als Auditteamleiter die spezifischen Themen in Absprache mit den Teammitgliedern aufteilen. Damit verteilst Du zum einen die Verantwortung, und zum anderen kann die aktive Einbindung sich wertschätzend auf den Verlauf des Audits auswirken.

Stelle folgende Frage an die Teammitglieder: „Welche Themen kannst Du Dir vorstellen, im Audit zu übernehmen und damit zu unterstützen?“ Die Beantwortung erleichtert Dir das Zuweisen von Themen und klärt darüber auf, wer wirklich an einer konstruktiven Zusammenarbeit interessiert ist. Zudem wirkt Mitbestimmung motivierend.

Nach einer erfolgreichen Aufgaben- und Rollenverteilung solltest Du Dir vorbehalten, Änderungen an der Aufgabenverteilung im Verlauf des Audits vornehmen zu können, um das Erreichen der Auditziele sicherzustellen.

Quicktipp

Mit einer sinnvollen Aufgabenverteilung je nach vorhandener Erfahrung und Kompetenz können die Aufgaben im Audit wechselweise durchgeführt werden. So hat der Lead-Auditor während des Audits die Möglichkeit, sich Notizen zu machen und ein Augenmerk auf den roten Faden im Audit zu behalten. Der Co-Auditor übernimmt dann die Verantwortung zur Durchführung. Als Lead-Auditor nimmst Du dann die Sichtweise des Beobachters ein. Als Beobachter siehst Du dann Dinge, die Du sonst in der Form nicht wahrnimmst - einfach durch den Perspektivenwechsel. Sonst bist Du weitestgehend damit beschäftigt, Fragen zu stellen und aktiv zuzuhören.

Neben einer fachlichen Vorbereitung ist die organisatorische Vorbereitung nicht zu unterschätzen. Folgende Punkte haben sich in der Praxis als nützlich erwiesen.

Wähle je nach der Art des Audits die zutreffenden Themen für Dich aus:

- Angaben zur An- und Abreise (Datum/Uhrzeit)
- Wie? Auto, Bahn, Flug
- Unterkunft, falls notwendig (Anschrift)
- Dresscode (formell, business casual)
- Persönliche Schutzausrüstung, falls notwendig, im Vorfeld anfragen
  Welche? Sicherheitsschuhe, Schutzbrille, Gehörschutz
- Plane die zeitnahe Nachbereitung des Audits ein

Quicktipp

Nehme immer Deine persönliche Schutzausrüstung (Sicherheitsschuhe, Schutzbrille und Gehörschutz) mit, um Dich und Dein Auditteam vor möglichen Gefahren zu schützen.

Nachdem Du Dich mit der Auswahl Deines Auditteams befasst hast, gehst Du über in die Sammlung von Informationen über die zu auditierende Organisation.

6.2.2 Schritt 2: Wissen über die auditierte Organisation sammeln

Zu einer professionellen und inhaltlichen Vorbereitung gehört das zeitnahe Einholen von Informationen über die zu auditierende Organisation. Dies hat zwei Vorteile:

- **Vorteil 1:** Durch die rechtzeitige Einbindung der Auditierten wird eine wertschätzende Art entgegengebracht und die Wichtigkeit vom Audits signalisiert. Der Auditierte fühlt sich „abgeholt".
- **Vorteil 2:** Dies beugt dem vor, dass Du nicht erst im Audit überraschend feststellst, dass z. B. eine benötigte Person im Audit nicht anwesend ist. Oder dass in einem Lieferantenaudit ein Prozess nicht am ausgewählten Standort existiert und nur mit hohem zeitlichem Aufwand zu erreichen ist.

Welche Informationen sind inhaltlich relevant, um die Organisation zu verstehen?

Das Auditteam hat das Ziel, alle zur Eingrenzung und Planung des Audits notwendigen Informationen einzuholen und darauf aufbauend einen optimalen Auditplan zu erstellen.

Die gesammelten Informationen müssen dazu geeignet sein, Wechselwirkungen und Schnittstellen zwischen den Prozessen sowie deren Chancen und Risiken abzubilden.

Diese können bereits im Vorfeld von der auditierten Organisation eingeholt und mittels einer Dokumentenprüfung als Auditmethode vorbereitet werden. Folgende Unterlagen können dabei hilfreich sein:

- Organigramm
- Unternehmens- und Prozesslandkarte
- FMEAs (System/Prozess/Produkt)
- Normen und Spezifikationen
- kundenspezifische Vorgaben
- Zielvorgaben, z. B. Kennzahlen (z. B. der letzten 12 Monate)
- Prozessbeschreibungen
- Auditergebnis und Maßnahmenplan des letzten Audits
- Zielvorgaben mittels Kennzahlen und Ergebnissen, z. B. Liefer- und Qualitätsperformance von Lieferanten
- Reklamationen (z. B. der letzten 12 Monate)
- Projektdokumentation

Welche Methoden eignen sich zur Sammlung von Informationen über die auditierte Organisation?

Der Umfang zur Vorbereitung auf die zu auditierende Organisation ist abhängig vom Auditauftrag. Dabei kann es von großem Vorteil sein, die Organisation vollumfänglich zu analysieren. Um sich einen umfassenden Überblick zur Ist-Situation zu verschaffen, können bei einem internen Audit beispielsweise Dokumente geprüft und bei einem Lieferantenaudit beispielsweise Zusammenhänge visualisiert werden:

- **Internes Audit – Prüfung von Dokumenten**

  Dazu könnten Dokumente und Aufzeichnungen des Managementsystems, Managementreviews, letzter Auditbericht und Maßnahmenliste, Qualitätsnachweise, Lenkung von Fehlern, 8D-Reports, Ergebnisse aus Ursachenanalyse, 5-Why, Ishikawa gehören.

- **Lieferantenaudit – Zusammenhänge visualisieren**

  Stelle die Zusammenhänge möglichst einfach visualisiert dar, z. B. auf einem (elektronischen) Flipchart (siehe Bild 6.3).

  Überlege, welche Lieferanten und eventuell Unterlieferanten in der Lieferkette mit in Betracht gezogen werden müssen, und stelle dazu folgende Fragen:

  - Wie ist der Warenfluss von Dir als Kunde zu Deinem Lieferanten/Unterlieferanten?

    Zu beachten: Gliedere das so weit wie nötig im Kontext eines möglichen oder bestehenden Risikos.

  - Wie ist der Informationsfluss von der Bestellung bis zum Erhalt der Ware heute?

  - Welche Dokumente/Spezifikationen werden innerhalb der Supply Chain von wem, in welcher Form geprüft und an wen weitergegeben?

    Zu beachten: Welche Lieferanten sind vertraglich eingebunden bzw. noch einzubinden? Falls noch etwas offen sein sollte, wäre dies ein Potenzial zur Verbesserung Deiner vertraglichen Ausgestaltung innerhalb der Supply Chain.

  - Wie ist der Informationsfluss von der Bestellung bis zum Erhalt der Ware zukünftig?

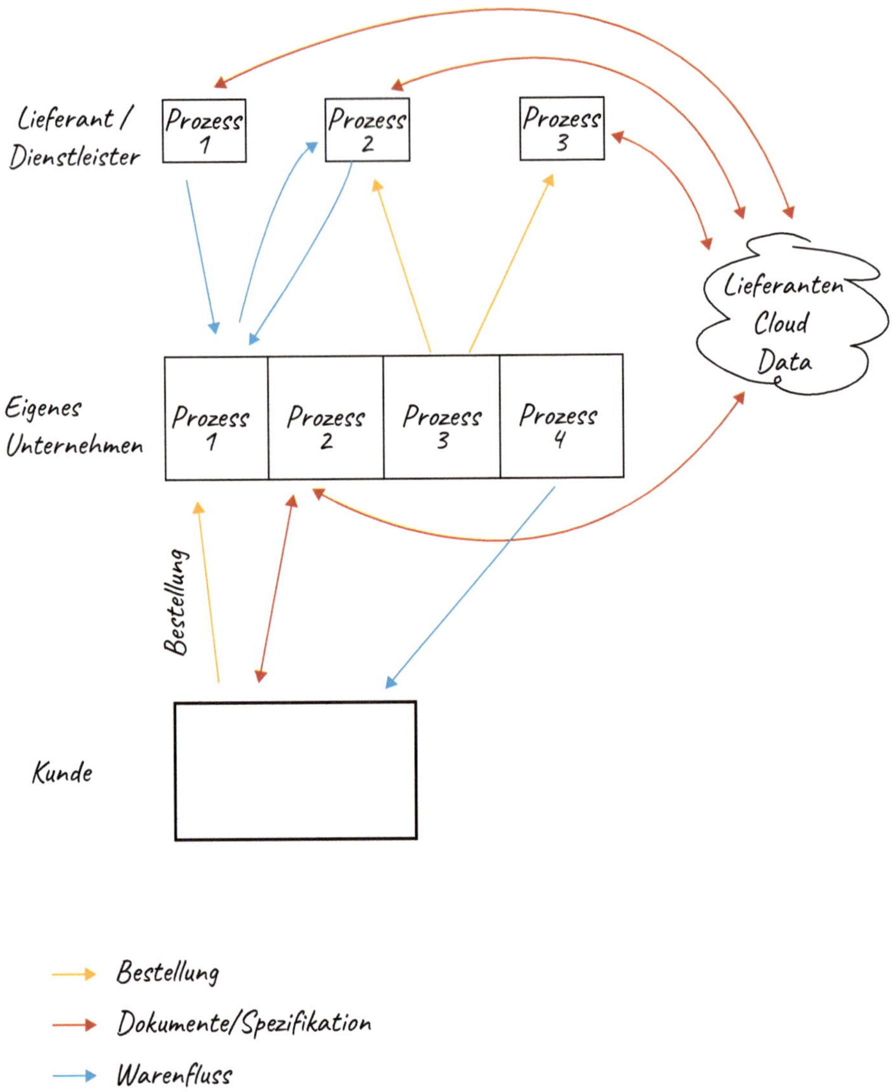

Bild 6.3 Waren- und Informationsfluss

Welche Auditsprache wähle ich aus?

Nicht zu unterschätzen ist die Auditsprache, z. B. Englisch. Im globalen Umfeld sind ggf. lokale Übersetzungen notwendig, was den Zeitaufwand erhöht. Erfahrungswerte sind zu berücksichtigen, z. B. wie wahrheitsgetreu bzw. realitätsnah die Qualität der Übersetzung ist.

Lege deshalb die Auditsprache bereits in der Vorbereitung fest, um so im Audit mögliche Verzögerung durch Übersetzungen zu vermeiden. Und um zum anderen sicherzustellen, dass die sprachlichen Fähigkeiten durch das ausgewählte Auditteam abgedeckt werden können.

Mit dem Sammeln der Informationen über die zu auditierende Organisation geht es weiter mit dem Schritt, die notwendigen Prozesse im Zusammenhang mit der Erreichung Deines Auditauftrags, also dem Ziel, einzugrenzen und den entsprechenden Fokus zu setzen.

6.2.3 Schritt 3: Prozesse eingrenzen und Fokus setzen

Ein weiteres Ziel ist es, dass der Prozess in auditierbare Prozessschritte unterteilt ist und die Auditschwerpunkte festgelegt werden. Dies erleichtert die Vorbereitung und somit die Durchführung.

Weniger ist mehr! Gilt auch hier, das Motto.

Zur Fokussierung und Eingrenzung von Prozessen gehört im ersten Schritt die Definition von Start- und Endpunkten von Prozessen (siehe Bild 6.4). Im zweiten Schritt können die Prozesse in Prozessschritte untergliedert werden, sodass eine abgrenzbare Bewertung erfolgen kann. Die Prozessgliederung kann auf bestehenden Unterlagen (z.B. Prozessabläufe) aufbauen oder muss durch das Auditteam erarbeitet werden. Eine Möglichkeit zur Erkennung von potenziellen Risiken ist das Turtle-Modell. Auf dieses Modell zur Vorbereitung gehen wir in Abschnitt 6.3 ein.

Für den eingegrenzten Prozess müssen die Prozessrisiken auf Basis der gesammelten Informationen ermittelt werden. Der Auditor setzt den Schwerpunkt dort, wo er die größten Risiken für das ausgewählte Produkt und den Prozess erwartet.

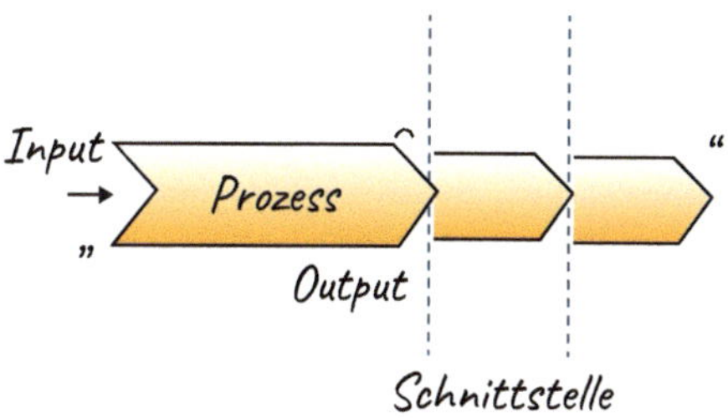

Bild 6.4
Prozess mit Schnittstellenbetrachtung

6.2.4 Schritt 4: Auditplan erstellen und mit auditierter Organisation abstimmen

Mit der Erstellung des Auditplans wird die Basis zur gemeinsamen Durchführung zwischen dem Auditteam und der zu auditierten Organisation gelegt. Es ist dabei zu berücksichtigen, dass bestimmte Themen auf die Dauer und den Ablauf Einfluss nehmen können. Dies wären z.B. Produktionsstilstände, Verfügbarkeit von zu auditierenden Personen, verwendete Fremdsprachen, interkulturelle Aspekte, Transferzeiten.

Beachte, dass die Dauer des gesamten Audits von den zu auditierenden Prozessschritten und der Komplexität der Produkte und Prozesse abhängig ist.

Der Lead-Auditor vereinbart mit dem Ansprechpartner der zu auditierenden Organisation den genauen Zeitpunkt des Audits. Eine schriftliche Bestätigung ist von Vorteil.

Es empfiehlt sich, spätestens 14 Tage vor Beginn des Audits den Auditplan an die abgestimmten Personen der auditierten Organisation vollständig zu übermitteln, weil somit mögliche Änderungswünsche mit eingearbeitet werden können. Der Ablauf wird in einem Auditplan mit zeitlichen Sequenzen festgehalten.

Was ist eine Auditsequenz?

Eine Auditsequenz ist ein ausgewählter Prozess, Prozessschritt, der zeitlich begrenzt im Auditplan aufgeführt wird. Beispiel: Prozess Auftragsbearbeitung von 14:00 - 14:45 Uhr.

Welche Inhalte sollten in einem guten Auditplan enthalten sein?

Mithilfe von W-Fragen in der nachstehenden Checkliste kannst Du Deinen Auditplan erstellen:

- Wer ist beteiligt? (intern, Lieferant, Prozess, Produkt, Projekt)
- Wann findet das Audit statt?
- Wo findet das Audit statt?
- Was sind die Auditkriterien?
- Was ist das Auditziel?
- Welche Auditart wird gewählt?
- Wie wird das Audit methodisch durchgeführt?
- Welche Dokumente sind vom Auditierten als Nachweise vorzulegen?

Quicktipp

Aufgrund von Zeitmangel ist eine parallele Aufteilung von einzelnen Sequenzen (einer zeitlichen Einheit im Audit) im Auditteam sinnvoll. Somit wird eine vollständige Umsetzung des Auditplans gewährleistet.

■ 6.3 Wie ich meine relevanten Fragen erstelle

Es empfiehlt sich, Deine spezifischen Fragen im Vorfeld des Audits zu erstellen. Dies dient dazu, das Audit möglichst strukturiert und effizient durchzuführen. Somit werden die festgelegten Auditkriterien auf Erfüllung auditiert. Andererseits dienen sie als roter Faden und zugleich Grundlage für die laufende Dokumentation des durchzuführenden Audits.

Mit den vorbereiteten Fragen gehst Du beruhigt und gestärkt in das Audit und fühlst Dich sicher.

Du stellst Dir vielleicht die Frage, wie Du Auditfragen als unerfahrener Auditor sinnvollerweise auf den Auditauftrag bezogen und am besten noch ohne großen Aufwand erstellen kannst? Deine Auditfragen müssen nicht vollständig ausformuliert werden. Du kannst Dich auf Stichworte begrenzen und diese als Fragen im Audit ausformuliert anwenden. Für die Erstellung von Fragen kannst Du auch die in Bild 6.5 dargestellten Quellen nutzen.

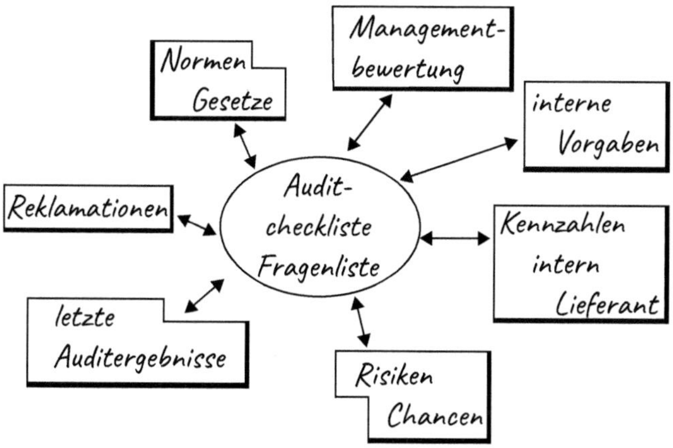

Bild 6.5
Mindmap – Erstellung spezifischer Fragen

Nehmen wir drei Beispiele aus Bild 6.5 zur Verdeutlichung von möglichen Fragen:

- **Beispiel 1: Reklamationen**

  In diesem Beispiel ist der Fokus des internen Audits auf Reklamationen gerichtet. Die dazu relevanten Fragen könnten lauten:

  - Welche Reklamationen liegen aktuell vor?
  - Was wurde bereits unternommen, um die Ursache des Problems zu analysieren?
  - Welche Maßnahmen sind aus der Ursachenanalyse abgeleitet worden?
  - Wie ist der Stand der Umsetzung der Maßnahmen?
  - Wie wird die Wirksamkeit der eingeführten Maßnahmen sichergestellt?

- **Beispiel 2: Norm ISO 9001 – Kapitel Führung**

  In diesem Beispiel ist der Fokus auf der Geschäftsleitung des internen Audits gelegt. Die dazu relevanten Fragen könnten lauten:

  - Wie wird die Kundenorientierung bei den Mitarbeitenden sichergestellt?
  - Wie wird die Qualitätspolitik vermittelt? Was bedeutet Qualität und wie wird das den Mitarbeitenden vermittelt?
  - Wie wird die Angemessenheit der Qualitätspolitik regelmäßig überprüft?
  - Welche Qualitätsziele wurden festgelegt? Wie wird sichergestellt, dass für alle relevanten Funktionen Qualitätsziele festgelegt und bekannt sind?
  - Wie wird die Umsetzung der Qualitätsziele gemessen? Welche Häufigkeit wurden dafür festgelegt?

- **Beispiel 3: Interne Vorgaben – Wareneingangsprüfung**

  In diesem Beispiel ist der Fokus auf die Wareneingangsprüfung des internen Audits gelegt. Die dazu relevanten Fragen könnten lauten:

  - Wie wird eine Wareneingangsprüfung von einem angelieferten Zukaufteil durchgeführt?
  - Welche Punkte sind zur Überprüfung wichtig?
  - Wie wird sichergestellt, dass die Prüfung vollständig durchgeführt wird?
  - Welche Vorgabe liegt dazu vor?
  - Abschließende Beurteilung: Wird die Wareneingangsprüfung nach definierten Kriterien bzw. Vorgaben durchgeführt?

Mittels der Turtle-Methode prozessorientierte Fragen erstellen

Mit dem Turtle-Modell kannst Du auf Basis von kritischen Themen systematisch Deine prozessorientierten Auditfragen ableiten. Das Turtle-Modell, auch Schildkrötenmodell genannt, stammt aus dem Prozessmanagement und stellt das Grundprinzip eines Prozesses dar. Es wurde erstmals von Auditorinnen und Auditoren aus dem Automobilbereich eingesetzt. Mithilfe von W-Fragen stellt die Methode Schnittstellen und Wechselwirkungen im Prozess dar und sorgt gleichzeitig für Transparenz und Sensibilisierung zum ausgewählten Prozess unter den Beteiligten.

Mit dieser Methode sammelst Du im Auditteam eine Vielzahl von Fakten im Hinblick auf den zu betrachtenden Prozess. Ein wesentlicher Vorteil dieser Methode ist es, dass Du gemeinsam und systematisch den internen Wissensspeicher auffüllst und dazu maßgeblich beiträgst, internes Know-how nachvollziehbar festzuhalten.

Das Modell verdeutlicht dem Auditteam und dem Auditierten aufgrund der einfachen und übersichtlichen Darstellungsform den Prozess und sein angrenzendes Umfeld. Im Audit sind die Fragen entsprechend auszuformulieren und als offene Fragen zu stellen.

Der Kern der Methodik liegt im Formulieren von prozessspezifischen Fragen, die individuell je Audit und Auditziel erstellt werden. Bei der Erstellung kann Dich ein Prozessverantwortlicher bzw. Experte unterstützen. Bild 6.6 zeigt das Prinzip des Turtle-Modells.

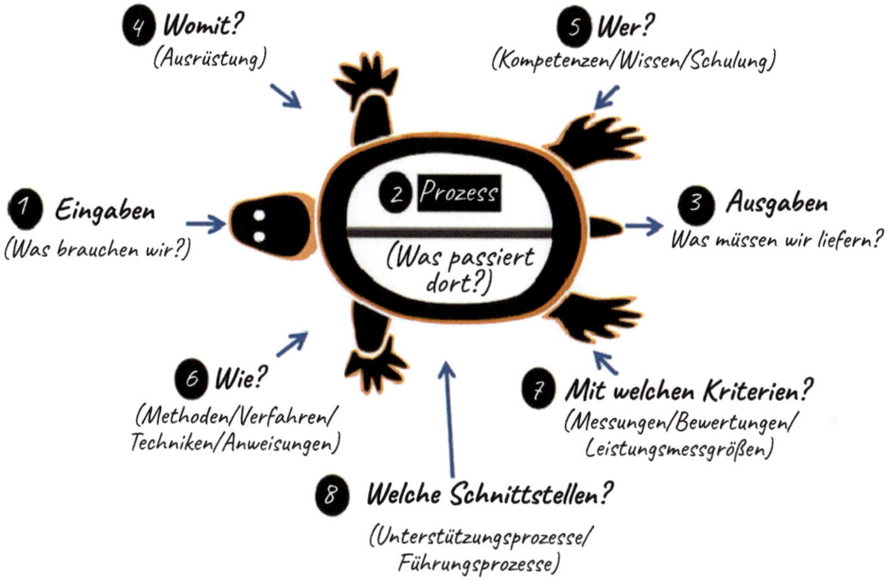

Bild 6.6 Herleitung von Auditfragen mittels der Turtle-Methode (Kallmeyer 2019, S. 17)

Du möchtest das Turtle-Modell in der Praxis anwenden? Im Downloadbereich (siehe Kapitel 11) findest Du eine Vorlage zum Ausfüllen Deines eigenen Turtle-Modells.

■ 6.4 Wie ich die passende Auditmethode finde

In diesem Kapitel erhältst Du Antworten auf die folgenden Fragen, um somit Deine passende und wirksame Auditmethode im Kontext Deiner Auditziele aus dem Auditauftrag zu finden.

- Was ist eine Auditmethode?
- Wie finde ich die passende Auditmethode für mich?
- Wann bietet sich welche Auditmethode an?

> Die Auditmethode ist die Art und Weise, wie das Audit durchgeführt wird.

Das Ziel der Auswahl von Auditmethoden ist es, mithilfe von angewendeten Fragetechniken (Abschnitt 7.3) innerhalb eines Auditgesprächs zu objektiven Auditnachweisen, den sogenannten verifizierbaren Nachweisen, zu gelangen.

Die ISO 19011 beschreibt in Kapitel 5.5.3, Auswählen und Bestimmen der Auditmethoden, dass die Methoden für das Audit in Abhängigkeit von den festgelegten Auditzielen, dem Auditumfang, die Auditdauer, dem Standort und den Auditkriterien festzulegen sind. Mit dem Ziel, dass die erwartete Wirkung erreicht wird.

Dabei können Audits remote (aus der Ferne), als Vor-Ort-Audit oder einer Kombination aus beiden durchgeführt werden. Die Auswahl, welche Auditmethode für Dich passend ist, erfolgt anhand konkreter Auditziele.

Beantworte in einem ersten Schritt zunächst folgende Fragen:

Auditziele: Welche Ziele sollen mit dem Audit erreicht werden?

Schaue dazu in Deinen Auditauftrag. Mit den aufgeführten Auditzielen erhältst Du Beispiele als Gedankenstütze.

- Analysieren, ob der auditierte Bereich die Festlegungen der Organisation in die Praxis umsetzt
- Überprüfung der Wirksamkeit von Maßnahmen eines Voraudits beim Lieferanten
- Beurteilung ausgewählter Prozesse und deren Risiko abgeleitet aus der Prozess-FMEA des Lieferanten
- Beurteilung Managementsystem (Qualität/Umwelt/Arbeitssicherheit)
- Objektive Nachweise/Beweise erlangen, dass vorhandene Anforderungen von den Personen „vor Ort" erfüllt werden

Auditumfang: Welche Prozesse, Produkte, Fertigungsstätten, Schnittstellen, ausgelagerte Prozesse sollen berücksichtigt werden?

- Überlege Dir, welche Prozesse, Produkte, Fertigungsstätte, Schnittstellen und ausgelagerte Prozesse relevant wären? Beachte dabei den Risikoaspekt bei Deiner Auswahl
- Kontext Lieferantenaudit: Welche relevanten Lieferketten sind zu auditieren, um so volle Prozesskettentransparenz zu erlangen?

Auditkriterien: Was sind die Auditkriterien? Was ist die Auditgrundlage und welche Vorgaben sollen erfüllt werden?

- Zum Beispiel Prozessbeschreibung intern/vom Lieferanten/innerhalb der Lieferkette, Prüfvorschrift, Zeichnung, spezifische oder normbezogene Auditfragen

Auditmethoden

Hast Du nun die Fragen beantworten können und Dir Klarheit verschafft über die Auditziele, Auditumfang, Auditkriterien und Sinnhaftigkeit einer möglichen Methode? Dann kannst Du Dir über den nachfolgenden „Werkzeugkasten“ relevanter Auditmethoden die für Dich passende Methode auswählen.

Tabelle 6.1 liefert eine Übersicht relevanter Auditmethoden, die zur Erreichung der Auditziele entweder einzeln oder in Kombination verwendet werden können. Er soll die praxisrelevante Auswahlentscheidung und Einsatzmöglichkeit unterstützen und erleichtern. Die bereits vorher aufgeführten Auditziele findest Du hier 1:1 wieder.

Tabelle 6.1 Übersicht relevanter Auditmethoden

Auditziel	Auditmethode	Inhalt	Vor Ort	Remote
Analyse, ob auditierter Bereich die Festlegungen der Organisation in die Praxis umsetzt.	Befragungen/Interview und Stichproben mittels offener Fragen	Entlang eines Prozesses unter Verwendung eines Fragenkatalogs oder spezifischer Fragen. Mit verantwortlichen Mitarbeitenden am Arbeitsplatz sprechen, die dort operativ tätig sind, und nicht nur die Führungskräfte auditieren.	x	(x)
Überprüfung der Wirksamkeit von Maßnahmen eines Voraudits beim Lieferanten.	Beobachtung und Bewertung im Gespräch mit Auditierten	Von allgemeinen Fragen zu konkreten Detailfragen. Auditrelevante Feststellungen sind zu notieren.	x	(x)
Beurteilung ausgewählter Prozesse und deren Risiko abgeleitet aus der Prozess-FMEA vom Lieferanten.	Dokumenteneinsicht Szenario mit Gesprächspartner durchspielen	Mitarbeitende durch Befragungen einbeziehen. Die Ausführungen sind durch Einsicht in die Dokumente zu verifizieren.	x	x
Feststellung, ob die Risikoermittlung vorhanden und wirksam ist. (Last auf mehrere Schultern verteilt?)	Kontrollfragen über den Stand der Organisation	Wird das Risiko (z. B. Produkthaftung) nicht nur von Geschäftsführung getragen, sondern durch Delegieren auf mehrere Schultern verteilt?	x	(x)

(x): bedingt einsetzbar, weil z. B. die Körpersprache nicht vollständig wahrzunehmen ist

Quicktipp

Der Auditor sollte sich im Vorfeld über einen Stichprobenplan Gedanken machen, weil das Audit keine 100-%-Prüfung ist und sich aus Stichproben zusammensetzt. Das Ziel sollte sein, ein bestmögliches aussagefähiges Auditergebnis zu erhalten.

6.5 Wichtigste Erkenntnisse

Mit einer soliden Planung und Vorbereitung auf ein Audit legst Du den Grundstein für ein erfolgreiches und akzeptiertes Audit. Dazu ist zusammengefasst maßgeblich Folgendes erforderlich:

- Einen klaren Auditauftrag mit Zielen erhalten und mit dem Auftraggeber klären
- Die Themen zum Auditauftrag vorher mit dem Auftraggeber, dem Auditteam abstimmen. Du wirst zu einem akzeptablen Auditergebnis und Nutzen kommen
- Wissen über die auditierte Organisation zusammentragen. Unterschätze nicht das Wissen über eine auditierte Organisation. Es wird Dir helfen, ein besseres Verständnis im Audit zu erhalten. Aus der Erfahrung hat sich herausgestellt, dass die Sammlung an notwendigen Informationen recht zeitintensiv sein kann
- Auswahl eines schlagkräftigen Auditteams, um den Auditauftrag zu erfüllen
- Risiken ermitteln und daraufhin den Schwerpunkt fürs Audit auswählen
- Relevante Fragen methodisch erstellen, z. B. mithilfe des Turtle-Modells
- Auswahl von geeigneten Auditmethoden (vor Ort, remote, Mischung von beiden)
- Den Auditplan mit den Beteiligten abgestimmt und rechtzeitig übermitteln

6.6 Wichtigste Dokumente

Folgende Dokumente und Hinweise geben Dir zusätzliche Unterstützung:

- Auditauftrag formell oder informell mit einer E-Mail
- Gesammeltes Wissen über die zu auditierende Organisation – möglichst visuell
- Relevante Fragen ggf. mithilfe des Turtle-Modells erfasst
- Ausgewählte Auditmethoden
- Auditplan abgestimmt mit Auditteam und zu auditierende Organisation

6.7 Reflexionsfragen

Mit den zwei Aufgabenstellungen führst Du Deine Reflexion in diesem Kapitel durch:

Aufgabe 1: Auditauftrag

Mache Dir Gedanken über Deine zukünftigen Auditaufträge. Stelle Dir vor, Du erhältst nur noch Auditaufträge mit Auditzielen, die im Unternehmen für Begeisterung sorgen und einen gewinnbringenden Nutzen aufzeigen.

1. Wie könntest Du Deine Auditziele gewinnbringend festlegen?
2. Erstelle eine Liste zwischen 3-5 Aufträgen für interne Audits und Lieferantenaudits.
3. Welches angestrebte Ziel soll mit dem Audit erreicht werden?

Aufgabe 2: Remote Audits

Überlege, wie Du die Remote Audits sinnvoll für Dein Unternehmen einsetzen kannst?

1. Welche Prozesse, Verfahren, Aktivitäten eignen sich zum Remote Audit?
2. Welche (Vor)Bedingungen sollten erfüllt sein?
3. Welche internen Prozesse oder Lieferanten wählst Du konkret für die Remote-Audit-Methode aus?

Berücksichtige dabei die Vorteile und Nachteile unter Einbezug Deiner Erfahrungen. Dokumentiere bitte die Ergebnisse mithilfe der nachstehenden Tabelle.

Vorteile von Remote Audits	Nachteile von Remote Audits

Mit der Durchführung der Reflexionsaufgabe hast Du das Kapitel Fokussierte Planung und Vorbereitung von Audits abgeschlossen. Im weiterführenden Kapitel erwartet Dich eine spannende Aufgabe - die objektive Durchführung, um Audits mit Gewinn durchzuführen.

7 Objektive Durchführung

Das Ziel der objektiven Durchführung eines Audits ist es festzustellen, ob das Festgelegte so ist, wie es sein soll – oder eben auch nicht. Um die Durchführung des Audits effizient und effektiv zu gestalten, sind mehrere Aspekte zu beachten. In diesem Kapitel gehen wir wie in dem vorherigen Kapitel schrittweise vor und zeigen mit Beispielen, wie Du eine objektive Durchführung des Audits meistern kannst.

Was erwartet Dich in diesem Kapitel?

Nachdem Du verstanden hast, warum ein gelungener Einstieg mit einem Eröffnungsgespräch wichtig ist, schauen wir uns an, wie Auditsequenzen mit Gesprächsführung und Fragetechnik zielführend gesteuert werden.

Mit dem krönenden Abschluss – der Abschlussbesprechung – wirst Du nach einigen Audits bereits erkennen, wie gewinnbringend objektive Nachweise sind.

Beim Auditprozess befinden wir uns nun in der Phase 4 (siehe Bild 7.1).

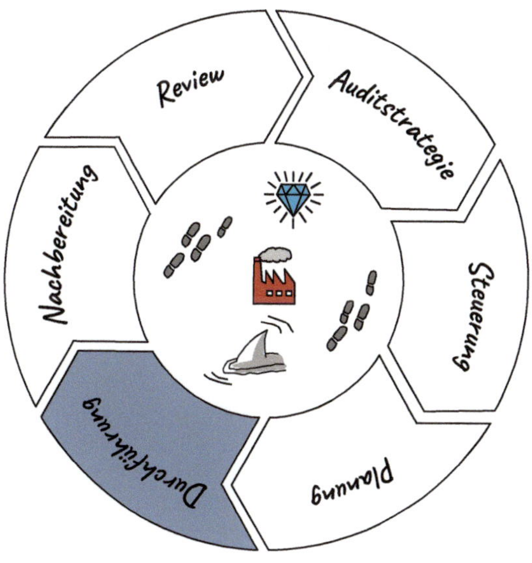

Bild 7.1
Phase 4 des Auditprozesses: Durchführung

7.1 Das Eröffnungsgespräch: Der gelungene Einstieg

Der Alltag zeigt uns häufig, wie wichtig der bekannte „erste Eindruck" ist. Exakt dieses Phänomen sollte auch im Zuge eines Audits nicht unterschätzt werden. Vor allem ist ein guter Einstieg mit einem Smalltalk vor dem Eröffnungsgespräch hilfreich, um für eine entspannte Atmosphäre zu sorgen. Welches sind beliebte Themen? Am besten sprichst Du mit Deinem Gegenüber über:

- seine Anreise
- entdeckte Gemeinsamkeiten (z.B. Uhr, Kleidung)
- Wetter
- Hobbys

Um ersten Differenzen oder unangenehmen Situationen jedoch vorzubeugen, sollten sicherheitshalber Themen wie „Politik" oder „Fußball" außen vor bleiben.

Werfen wir auch in dieser Phase einen Blick zu Maya und Robin, mit welcher Herausforderung sie gerade umgehen.

> Maya hat die Herausforderung: Wie ein Eröffnungsgespräch am besten starten und durchführen?
>
> Maya stellt Robin die Frage, wie sie einen gelungenen Einstieg im Eröffnungsgespräch des Audits erreichen kann. Robin empfiehlt ihr, im Eröffnungsgespräch mit der persönlichen Vorstellung aller Beteiligten zu starten. Speziell wenn es sich um externe Audits (Zertifizierungsaudits, Lieferantenaudits, Kundenaudits) handelt und sich die Personen vorher noch nicht gehört oder gesehen haben. Ein persönliches Kennenlernen - aber kurz und nicht ausschweifend.
>
> Beim internen Audit kennen sich eventuell die Beteiligten bereits schon, und eine persönliche Vorstellung ist auf das Notwendigste zu beschränken.
>
> Robin dachte an ein Eröffnungsgespräch, bei dem sich eine Führungskraft gefühlte 5 Minuten mit allen durchlaufenen beruflichen Stationen vorstellte. So etwas sollte vermieden werden.
>
> Maya fragt sich anschließend, ob es wichtig ist, sich kurz vorzustellen. Das Audit könnte doch einfach mit Fragen starten. Schließlich möchten alle Beteiligten das Audit schnell hinter sich bringen und nicht eine langweilige Vorstellungsrunde auf sich ergehen lassen.
>
> Robin gab zu bedenken, dass dadurch möglicherweise eine angespannte, auch eher ängstlich herrschende Auditsituation aufgelockert werden kann. In dem Eröffnungsgespräch sollte generell eine lockere und positive Stimmung erzeugt werden, um mögliche Blockaden der Auditierten abzubauen und Vertrauen zu schaffen, erwiderte Robin.

Ein weiterer wichtiger Aspekt bei der Eröffnung ist, Transparenz zu erzeugen. Dies bedeutet, dass alle Beteiligten über den Grund des Audits, das Auditziel, die Vorgehensweise, das Bewertungsverfahren und die beiderseitigen Erwartungen aufgeklärt werden.

Weiterhin erwähnte Robin, dass es wünschenswert ist, eher noch notwendig, Mitarbeitende in das Audit mit einzubeziehen. Schließlich möchte die Ist-Situation hinterfragt und die Personen befragt werden, die unmittelbar diese Tätigkeiten durchführen. Dies beugt eventuellen Missverständnissen im Auditverlauf vor.

Maya ist nun beruhigt und kann mit den Hinweisen von Robin einen gelungenen Start in das Audit durchführen. ■

Zum Abschluss des Einführungsgesprächs sollten die Auditierten auch die Möglichkeit erhalten, ihre Fragen stellen zu können.

Quicktipp

Mache Dir eine Checkliste über die Inhalte des Eröffnungsgesprächs:

- Als Einstieg eine konstruktive Atmosphäre schaffen: wertschätzend für die Unterstützung vor dem Audit bedanken und um Unterstützung während des Audits bitten
- Bestätigung des Ablaufs gemäß vorliegendem Auditplan durch Auditierte abholen
- Grundlage des Audits (Auditkriterien)
- Ziele des Audits
- Offene Fragen beantworten
- Ablauf und Rahmenbedingungen erklären
  - das System (Qualität, Umwelt, Arbeitssicherheit, soziale Aspekte) und nicht die Personen werden überprüft
  - Objektive Nachweise müssen vorliegen
  - Hinweis auf Stichprobencharakter geben
  - Audit findet vor Ort am Arbeitsplatz der auditierten Person statt - ein Meetingraum ist zu vermeiden
  - Zeitangaben gelten als Richtlinie - ggf. Änderungen vorbehalten
  - Umgang mit vertraulichen Informationen sind gewährleistet ■

Nachdem alle Informationen gestreut, alle Unklarheiten beseitigt und alle offenen Fragen möglichst beantwortet sind, kann es mit dem eigentlichen Auditieren nach dem Auditplan losgehen.

7.2 Auditsequenzen nach Auditplan durchführen

Mit dem abgestimmten Auditplan, dem Wissen über die zu auditierende Organisation und den Fragen bist Du bestens für die Durchführung des Audits vorbereitet. Der Auditplan gibt Dir die Sicherheit und die dazu vorbereiteten Fragen oder einen ausgewählten standardisierten Fragenkatalog, z. B. nach ISO 9001.

Je nach ausgewählter Auditmethode besteht nun Deine Aufgabe darin, möglichst alle erforderlichen Informationen als Grundlage für die Bewertung zu erhalten. Dazu musst Du vor allem die Fähigkeit der Kommunikation beherrschen. Zu den wichtigsten Fähigkeiten zählen mit Abstand das Zuhören und Beobachten sowie eine konstruktive und zugleich wertschätzende persönliche Einstellung. Hierbei ist es wichtig, den risikobasierten Ansatz auch vor Ort anzuwenden:

Ein Beispiel: Risikobasiert vor Ort auditieren

Du findest heraus, dass der Bereich, den Du auditierst, signifikante Reklamationen bearbeitet. In diesem Fall wäre es nicht gewinnbringend, nur die Einhaltung der Norm zu überprüfen. Du kannst Dir überlegen, diese Reklamationen anzugehen und mit der Grundursachenanalyse zu unterstützen.

Ein weiterer Aspekt ist, auch zu gewichten, welche Fragen Du stellst, um die Informationen für die Auditschlussfolgerungen zu bekommen. Daher ist es wichtig, die richtigen Fragen zu stellen und zuzuhören. Der Grund liegt darin, wenn Du als Auditor in den zeitlich limitierten Auditsequenzen zu viel redest, dann nimmst Du Dir die Möglichkeit, die notwendigen Antworten zu erhalten. Du solltest daher ein guter Zuhörer sein. Damit hast Du schon die wertvollste Auditmethode erfolgreich angewendet. Und genau diese wichtigste Auditmethode ist für die meisten Auditorinnen und Auditoren am schwersten umzusetzen.

Damit es Dir leichter fällt, zeigen wir in den weiterführenden Kapiteln, wie Du mit Fragen zum objektiven Nachweis kommst.

7.2.1 Mit Fragen zum objektiven Nachweis kommen

Am Arbeitsplatz vor Ort wartet bereits der Mitarbeitende, der die Tätigkeiten operativ durchführt, auf das Auditteam. Du könntest doch einfach anfangen, kritische Fragen zu stellen und zu warten, was der Mitarbeitende antwortet. Warten ist hier eher die schlechteste Variante, um das Audit zielführend zu gestalten. Das Audit würde in seinem Verlauf wohl relativ schnell zu einer zähen Befragung führen und die Beteiligten sich nicht wohl fühlen.

Quicktipp
Übernimm eine partnerschaftliche und konstruktive Haltung einschließlich eines entsprechenden Kommunikationsstils. Du wirst überrascht sein, wie gut das funktioniert.

Der Auditierte wird schnell wahrnehmen, dass Du mit ihm zusammenarbeiten möchtest und Dich nicht als Polizist aufführst. Somit wäre die Basis für eine gute Kommunikation im Audit angelegt.

Im Folgenden liest Du, wie Du partnerschaftlich auf Augenhöhe, aber nicht weniger fordernd vorgehst. Du wendest das idealerweise am Arbeitsplatz eines Mitarbeitenden an, der operativ die Tätigkeiten durchführt. Dies kann sowohl vor Ort als auch virtuell stattfinden. Mit den folgenden Beispielen wird dies deutlich.

Wie Du die Fragen im Audit richtig stellst

Es gibt eine Vielzahl von unterschiedlichen Fragetechniken. Aus der Erfahrung der Autoren heraus ist die „Trichter-Methode" (siehe Bild 7.2) die zielführendste seiner Art. Das Ziel dieser Methode ist es, möglichst schnell die notwendigen Informationen zu sammeln, um einen Gesamtüberblick über die Situation im Audit zu erhalten. Besonders eignen sich dazu die offenen W-Fragen (siehe dazu auch Abschnitt 7.3.2).

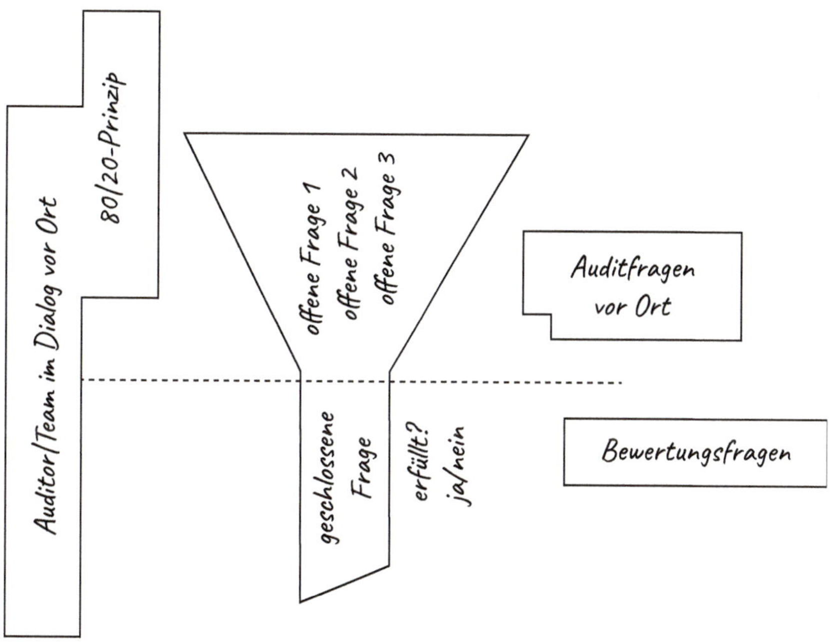

Bild 7.2 Trichter-Methode als Fragetechnik im Auditgespräch

W-Fragen am Arbeitsplatz

Beachte dabei fünf wichtige Grundsätze:

1. Zielführendes Vorgehen

Ein wichtiges Prinzip ist der Grundsatz, wie die befragte Person vorgeht. Mit den zwei Einstiegsfragen gehst Du zielführend vor:

- Wie gehen Sie vor?
- Nach welcher Anweisung gehen Sie vor? Beschreiben Sie dies bitte anhand eines Beispiels aus der Praxis.

2. Klares Verständnis

Um in einer Befragung ein klares Verständnis zu erhalten, stellen Profis folgende Fragen:

- Wie verstehen Sie diese Anweisung?
- Was ist das Ziel mit dieser Anweisung?
- Was soll damit erreicht werden?

3. Richtige Ausführung

Damit die Ausführung von Tätigkeiten richtig verstanden wird, sind folgende Fragen richtungsweisend:

- Wie führen Sie diese Anweisung aus?
- Was müssen Sie beachten?
- Wie müssen Sie diese Maßnahmen durchführen?

4. Wirkungsvolle Ausführung

Um herauszufinden, ob die Ausführung von Tätigkeiten wirkungsvoll ist, stellen Profis folgende Fragen:

- Was wird mit dieser Anweisung erreicht?
- Wie gehen Sie anhand eines praktischen Beispiels vor?
- Welche Nachweise bestätigen die geforderte Vorgehensweise?
- Was passiert, wenn die festgelegten Tätigkeiten nicht durchgeführt werden? Können Sie die Wirksamkeit dieser Maßnahme nachweisen?
- Wenn Fehler auftreten? Wenn ja, welche? Wie ist das Vorgehen?

5. Aktivierende Impulse zur Verbesserung

Eine Verbesserung beim Befragten zu erfragen, gelingt Dir am besten mit den zwei aktivierenden Fragen:

- Was müsste aus Ihrer Sicht noch besser gemacht werden?
- Wie könnte eine mögliche Lösung aussehen?

Quicktipp
Um einen Nachweis reproduzierbar zu beurteilen, ist es wichtig, durch eine Stichprobe Beispiele einzufordern.

7.2.2 Nachweise sammeln und formulieren

Vom Auditnachweis über die Auditfeststellung bis hin zur Auditschlussfolgerung ... Dies ist das Vorgehen unter Anwendung der zielführenden W-Fragen aus Abschnitt 7.2.1.

Aus der Überprüfung ist die Auditfeststellung aufzuschreiben und mit den Nachweisen zu bewerten. Während des Audits nimmst Du die Feststellung in Deine Auditnotizen direkt auf. Das hat den großen Vorteil, dass Du die Beobachtungen unmittelbar schriftlich reflektierst. Bei Unstimmigkeiten und Verständnisproblemen kannst Du im Audit sofort nachfragen.

Die 19011 hat Folgendes unter den Begriffen festgelegt:

Auditnachweise (3.9) sind: „Aufzeichnungen, Tatsachenfeststellungen oder andere Informationen, die für die Auditkriterien zutreffen und verifizierbar sind".

Auditfeststellungen (3.10) sind: „Ergebnisse der Beurteilung der zusammengestellten Auditnachweise gegen Auditkriterien".

Auditschlussfolgerungen (3.11) sind: „Ergebnis eines Audits nach Berücksichtigung der Auditziele und aller Auditfeststellungen".

Was häufig während des Audits passiert (und bitte keine Angst davor): Die Feststellung wird als Maßnahme beschrieben und basiert auf Deiner Meinung oder der des Auditteams. Mit den folgenden Beispielen wird das veranschaulicht:

Beispiel 1:

„In der vorliegenden Prozessbeschreibung müssen die zu 100% geprüften Teile gekennzeichnet werden."

Wie würdest Du die Feststellung einordnen? Als eine gute oder eher verbesserungsfähige?

Eine Lösung: Die Feststellung ist verbesserungsfähig, weil das, was beschrieben ist, eine Maßnahme und keine Feststellung ist.

Zu beachten: Deine zwei wesentlichen Aufgaben zur Beschreibung einer objektiven Feststellung sind,

- dass sie von den Beteiligten und vor allem den Auditierten verstanden werden. Das bezweckt zum einen das Auseinandersetzen mit dem Verbesserungspotenzial oder der Abweichung und zum anderen die notwendige Akzeptanz der zu treffenden Maßnahmen,
- dass sie von Personen, die nicht am Audit teilgenommen haben, verstanden werden.

Beispiel 2:

„Die 100 % geprüften Teile sind unzureichend gekennzeichnet."

Nach dem ersten Lesen hört sich das an wie eine objektive Feststellung – es ist aber keine.

„Die 100 % geprüften Teile sind unzureichend gekennzeichnet" ist keine auf Fakten basierende Beschreibung – eher intransparent und nicht empfängergerecht (Wienken 2022).

Dem Empfänger fehlt zur vorliegenden Sachlage die Antwort auf die Frage, was Du vorgefunden hast – eben die objektive Feststellung.

Du stellst Dir die Frage, warum das so schwierig ist. Nun, wir sind häufig sehr schnell mit unserer Wahrnehmung und haben bereits die perfekte Lösung im Kopf und möchten diese unbedingt sofort mitteilen. Schließlich sind wir die Auditoren, und von uns wird eine Lösung erwartet. Oder war das nicht so mit der Erwartungshaltung an uns Auditoren?

Denken wir nochmals in Ruhe darüber nach und schauen uns eine mögliche Lösung an:

Anstatt zu beschreiben, dass die 100 % geprüften Teile unzureichend gekennzeichnet sind, beschreibe die tatsächlich vorgefundene Situation – lösungsneutral.

Wenn Du jetzt nach der Beschreibung der Fakten noch die Bewertung auf Grundlage Deiner ausgewählten Bewertungskriterien vornimmst, kann das wie folgt aussehen:

„Die Bewertung der Feststellung kann als Abweichung, jedoch nicht als kritisch eingestuft werden."

Warum ist das so? Hier wird gemäß der Prozessbeschreibung die Vorgehensweise nicht vollumfänglich durchgeführt. Daher ist eine Abweichung begründet, jedoch nicht in dem kritischen Ausmaß. Es waren lediglich zwei von drei Beispielen, daher nicht-kritisch.

Eine mögliche Lösung könnte so formuliert werden:

„Nach einer Stichprobenprüfung sind in zwei von drei Fällen die geprüften Teile nicht beschriftet, wie in der geltenden Prozessbeschreibung gefordert."

Du hast den Vorteil, dass Du zum einen das Beobachtete aufschreibst und zugleich verstehst. Bei Unklarheiten kannst Du nochmals nachfragen. Direkt am Ort des Geschehens.

Zum anderen dienen Deine Auditnotizen der einfacheren Erstellung des Auditberichts (vergleiche auch Abschnitt 8.3).

Quicktipp

Zeige Empathie! Führe die einzelnen Punkte nicht nur auf, sondern versetze Dich in die Lage des Auditierten und gib das Gesagte in Deinen eigenen Worten wieder. Dies kommt dementsprechend authentisch an: „Wenn ich Sie richtig verstanden habe, dann …".

7.2.3 Objektive Auditnotizen erstellen und gewinnbringend für den Auditbericht verwenden

Du kennst die Situation. Du nimmst während des Audits viele Informationen auf und musst die im Anschluss in eine verwertbare Auditschlussfolgerung aufbereiten. Das ist viel Arbeit und eher eine lästige Angelegenheit, die Dir nicht gerade so viel Freude bereitet. Stelle Dir vor, Du könntest Deine Notizen direkt während des Audits so aufnehmen, dass Du sie fast 1:1 in Deinen Auditbericht übertragen kannst. Klingt das nicht gut!? Wie gelingt Dir das?

Erstelle Deine Auditnotizen mit vier Ws. Diese Vorgehensweise ist grundsätzlich für alle Feststellungen anwendbar:

- **W 1: Was ist das Soll?**

  Beispiel: Gemäß der Prozessbeschreibung ist der Index der Bestellung mit dem Index der gültigen Kundenzeichnung zu vergleichen.

- **W 2: Was ist das Ist?**

  Beispiel: In zwei von drei Stichproben während des Audits wurde die Indexüberprüfung der technischen Zeichnung nicht durchgeführt.

- **W 3: Was fehlt vom Ist zum Soll?**

  Beispiel: Der Prozess wird nicht zuverlässig und reproduzierbar durchgeführt.

- **W 4: Wo passierte es?**

  Beispiel: Wie ist das Ist zu bewerten? Abweichung – nicht kritisch.

Quicktipp

Verwende für die Auditnachweise, wenn möglich und mit vorheriger Erlaubnis des Auditierten, Bilder. Bilder beschreiben das Gesehene am besten.

7.3 Fragetechniken und Gesprächsführung: Die besten Tipps für Deine Auditgespräche

„Die Qualität Deiner Fragen bestimmt die Qualität Deines Audits."

Das gilt, wenn Du Deine Auditqualität verbessern möchtest. Dieses Zitat hebt die Bedeutung von Fragen hervor, wenn Du im Audit erfolgreich sein willst.

Das Fragen bringt eine Kommunikation in Gang und hält sie am Laufen. Fragen haben die Funktion, die Gesprächspartner im Audit aktiv einzubeziehen, den Gesprächsverlauf zielorientiert zu steuern. Möchtest Du, dass das Gespräch im Audit auch rund läuft? Mithilfe der folgenden Kapitel erhältst Du einen Einblick in die spannende Welt der Fragetechnik und Gesprächsführung sowie was hinter dem Geheimnis des aufmerksamen Zuhörens steckt und was der Unterschied zum aktiven Zuhören ist.

7.3.1 Das Geheimnis liegt im aufmerksamen, aktiven Zuhören und Beobachten

Mit dem Zitat „Wer zuhören kann, erspart sich viele Worte" hat Ernst Ferstl wohl nicht ganz unrecht. Wenn wir aufmerksam zuhören und als Steigerung aktiv zuhören, passiert viel. Mehr als wir vielleicht denken. Als Erwachsene haben wir oftmals Schwierigkeiten, einfach aufmerksam zuzuhören.

Das Telefon klingelt, doch noch die Nachricht aus einer Chat-Gruppe für ein wichtiges Event beantworten, und Du solltest – eigentlich noch viel wichtiger – eine dringende Aufgabe erledigen. Du hast dann das Gefühl, alles verstanden zu haben, ohne vielleicht aktiv nachzufragen, weil Du nicht aktiv zugehört hast. Alles nicht so einfach. Das Beruhigende an der Sache ist: Du bist mit dieser Herausforderung in der heutigen, schnelllebigen Zeit nicht alleine.

Viele Auditoren hören sich häufig gerne selbst gerne reden. Das erlebe ich häufig bei den Begleitungen von Audits als Mentor. Sie stellen dem Auditierten eine Frage und hören dann gar nicht bewusst zu. Sie können sich nicht vorstellen, dass ihnen in diesem Moment wichtige Informationen verloren gehen. Zumal eines der wichtigsten Güter im Audit, die Zeit, davonrennt. Das Ziel, durch das Audit einen objektiven Nachweis im Kontext des Auditauftrags zu erhalten, droht förmlich aus den Händen zu gleiten.

Damit dies nicht passiert, wirst Du in diesem Kapitel darauf sensibilisiert, wie Dir aufmerksames und aktives Zuhören dabei hilft, wirksamer und erfolgreicher zu werden.

Aufmerksames Zuhören

Stelle Dir bitte vor, Du stellst eine Frage beim Lieferantenaudit, bekommst eine Antwort und stellst die nächste Frage. Egal, wie die Antwort ausfällt: Du stellst keine Gegenfragen, gehst nicht auf die Antwort des Auditierten ein. Was denkst Du, wie sich der andere fühlt? Wohl keine spannende Angelegenheit, oder? Obendrein erhältst Du lange nicht die Erkenntnisse, die Du durch aufmerksames Zuhören erhalten kannst.

Zu Deiner Beruhigung: Das ist ganz normal, egal ob als Neuling oder als Erfahrener. Du bist so sehr damit beschäftigt, Deine vorbereiteten Fragen zu stellen und nichts zu vergessen, dass Du dabei nicht wirklich hörst, was der oder die andere während des Audits sagt. Und es ist auch richtig, dass Du als Auditor im Gespräch nicht den roten Faden verlierst und immer wieder bewusst zum ursprünglichen Thema zurückkommst. Im Sinne von: Der Auditor führt das Gespräch.

Stelle Dir bitte nochmals vor, Du stellst dem Auditierten eine Frage und hörst wirklich auf die Antwort. Damit beginnt das Verständnis unseres Gegenübers. Während des aufmerksamen Zuhörens genießt unser Gesprächspartner unsere volle Aufmerksamkeit und hat zu 100 % Redeanteil. Wir unterbrechen ihn nicht und halten stets Blickkontakt. Allenfalls machen wir uns ein paar Notizen. Klingt schon nicht schlecht, oder? Aber es geht noch deutlich besser.

Aktives Zuhören

Das aktive Zuhören gilt wohl als die Königsdisziplin unter den Methoden der Kommunikation. Der Unterschied zum aufmerksamen Zuhören besteht darin, dass wir uns aktiv mit dem Gesagten, dem richtigen Verstehen des Gegenübers beschäftigen. Du lässt Verständnisfragen einfließen oder paraphrasieren. Paraphrasieren bedeutet, Verstandenes in eigenen Worten wiederzugeben. Dadurch möchtest Du Dir bestätigen lassen, ob Du wirklich verstanden hast, worum es dem anderen geht.

Das führt nicht nur zu einer positiveren Gesprächsatmosphäre und zu deutlich mehr Erkenntnisgewinn und gegenseitigem Verständnis für die Auditsituation. Erst in dieser Gesprächsphase gelingt es Dir, nicht nur das Wie und das Was zu erfragen, sondern wir verstehen, warum die Person tut, was sie tut.

Diese Verhaltensweisen bieten Dir aufschlussreiche Erkenntnisse und helfen Dir dabei, das eigene Handeln zu hinterfragen und weiterzuentwickeln.

Aktives Zuhören setzt folgende Spielregeln voraus:

- Halte Augenkontakt. Anschauen, anlächeln, zuhören, beobachten, die Situation auf sich wirken lassen und wenig reden
- Belehre nicht, Impulse und Ideen vermitteln (Vorsicht mit den eigenen Ideen: erst beim Nachfragen dazu äußern)

- Offene Körperhaltung. Stelle oder setze Dich frontal und gerade zu Deinem Gegenüber hin. Kopf hoch, Schultern nach hinten.
- Frage unbedingt nach, falls etwas nicht richtig verstanden wurde (paraphrasieren), und bitte den Gesprächspartner, das Gesagte zu bestätigen oder als missverstanden zurückzumelden.
- Bleibe während des gesamten Audits immer souverän, höflich, humorvoll und freundlich.
- Wertschätzend sein. Mache Dir bewusst, was die Auditierten für Stärken haben. Gebe situativ, authentisch und freudig Rückmeldung.

Gute Formulierungen beim aktiven Zuhören sind zum Beispiel folgende:

- „Wenn ich Sie richtig verstanden habe, dann meinen Sie …"
- „Ich meine verstanden zu haben …"
- „Was Sie gesagt haben, fasse ich nochmals in meinem Verständnis zusammen …"
- „Sie haben das Gefühl, …?"
- „Ich frage mich, ob …"

Beispiel 1 – Auditsituation

Auditierter: „Ich finde, dass wir zu viele interne Audits im Jahr durchführen müssen." (Aussage)

Auditteamleiter: „Sie meinen also, dass Sie zu viele Audits im Auftrag der Geschäftsführung durchführen müssen. Den Nutzen stufen Sie eher als gering ein." (Vermutung, Meinung, Rückmeldung)

Auditierter: „Nein: Ich meine, dass die Geschäftsführung von mir einen Vorschlag haben möchte, wie interne Audits mit Gewinn einzusetzen sind." (Richtigstellung)

Auditteamleiter: „Wenn ich Sie richtig verstanden habe, wäre eine klare Auditstrategie im Kontext zur Unternehmensstrategie zielführend?" (Korrigierte Rückmeldung)

Auditierter: „Ja, genau." (Bestätigung, Möglichkeit zur Fortsetzung des Dialogs durch den Auditor)

Auditteamleiter: „Wie hoch sehen Sie die Chance, dass sich durch eine klare Auditstrategie etwas Ausschlaggebendes ändert?" (Offene Frage)

Beispiel 2 – Auditsituation (Dietsche 2023 S. 1, 4, 13)

Auditteamleiter: „Wie ermitteln Sie die rechtlichen Anforderungen auf die zutreffenden Produkte Ihrer Organisation?" (Offene Frage)

Auditierter: „Wir haben einen Rechtskataster zur Umsetzung der Anforderungen." (Verständliche Antwort)

Auditteamleiter: „Wie stellen Sie sicher, dass dieser aktuell ist?" (Weiterführende Frage)

Auditierter: „Wir haben eine Beratungsfirma, die uns zutreffende Änderungen zusendet." (Verständliche Antwort)

Auditteamleiter: „Wer bei Ihnen prüft die Änderungen auf Relevanz?" (Offene Frage)

Auditierter: „Es gibt einen Verantwortlichen, der die Relevanz der Änderungen prüft." (Verständliche Antwort)

Auditteamleiter: „Wo ist das nachvollziehbar dokumentiert, dass die Prüfung stattgefunden hat und das Ergebnis daraus?" (Offene Frage)

Auditierter: „Im Protokoll des Brainstorming-Meetings mit definierten Teilnehmern, z. B. aus Vertrieb, QMB." (Verständliche Antwort)

Quicktipp

Für die Qualitätsverantwortlichen unter uns: Diese Art des Zuhörens kann von hoher Bedeutung bei der Ursachenanalyse sein. Denn oft ist der vermeintlich offensichtliche Grund für einen Fehler nicht für den Fehler verantwortlich. Durch das Hinterfragen während des aktiven Zuhörens erhöhst Du die Wahrscheinlichkeit, den wahren Fehler aufzudecken.

7.3.2 Offene Fragen und das Geschenk des Pareto-Prinzips

Um die Durchführung des Audits effizient und effektiv zu gestalten, solltest Du das Pareto-Prinzip oder die 20/80-Regel anwenden. Mit 20 % Fokus auf offene Fragen erzeugst Du 80 % der Ergebnisse in Form von Antworten (siehe Bild 7.3). Es reichen 80 % des Ergebnisses, weil für die weiteren Prozent überproportional mehr aufgewendet werden muss.

Der Grund: Der eigene Gesprächsanteil reduziert die Menge an Informationen, die der Auditor in dem festgelegten Auditzeitraum aufnehmen kann.

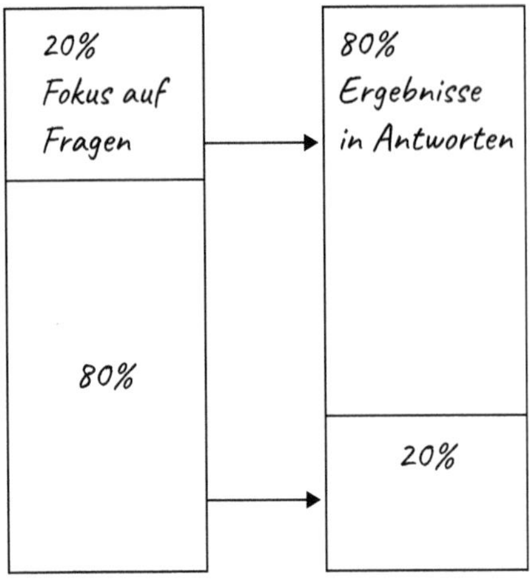

Bild 7.3
Das Pareto-Prinzip im Audit – 20% Fragen liefern 80% Antworten

Die offenen Fragen beginnen mit „W“ und haben einen großen und bedeutenden Vorteil für den Auditor. Die Frage wird nicht nur mit einem Wort beantwortet werden. Sie eignen sich daher für den wechselseitigen Austausch über den wichtigen Informationsaustausch und regen zum Nachdenken an.

Als Auditor stellst Du offene Fragen und beurteilst diese objektiv vor Ort. Verwende bei Deinen Fragen unbedingt offene W-Fragen, um dem Gesprächspartner genügend Spielraum bei der Antwort zu lassen. Einige Beispiele:

- „Wie stellen Sie sicher, dass …?“
- „Welche Lösung bevorzugen Sie?“
- „Was sollten wir ändern, um die Anforderung … zu erreichen?“
- „Welche möglichen Lösungsansätze kennen Sie bereits?“
- „Welche davon können wir sofort und einfach umsetzen?“
- „Wie können wir Sie unterstützen?“

Jede Feststellung oder auch Abweichung, die Du durch die Anwendung des Pareto-Prinzips erhalten hast, solltest Du vor Ort dokumentieren und mit dem Auditierten besprechen. Dies hilft Dir auch dabei, die notwendige Akzeptanz zu erreichen.

7.3.3 Geschlossene Fragen

Du hast Dich bestimmt schon einmal selbst dabei erwischt, anstatt einer offenen Frage eine geschlossene gestellt zu haben. Auf die geschlossene Frage wurde vermutlich in den meisten Fällen vom Auditierten mit „ja“ oder „nein“ geantwortet. Was ist die Folge? Du schränkst dadurch den Spielraum für Antworten ein, und die Antworten fallen recht kurz und knapp aus.

Geschlossene Fragen eignen sich hauptsächlich, wenn Du bei Deiner Fragestellung eine Entscheidung herbeiführen möchtest, wenn also eine Ja- oder Nein-Antwort erwünscht ist.

Ein Beispiel: „Können Sie sich eine direkte und offene Art im Audit vorstellen?"

Achte bei dieser Fragetechnik aber immer darauf, dies mit Bedacht anzuwenden und nicht zu übertreiben. Du solltest während des Auditgesprächs auf jeden Fall authentisch bleiben. Es macht wenig Sinn, wenn Du jeden Satz wiederholst oder jedes kleine Detail nachfragst.

7.3.4 Vor dem Abschlussgespräch: Kurze Abstimmung des Auditteams

Bevor das Abschlussgespräch durchgeführt wird, sortierst Du die Feststellungen mit den gewonnenen Nachweisen und ggf. Abweichungen sowie Verbesserungspotenziale mit Deinem Auditteam. Du solltest auch das Positive mit aufnehmen. Idealerweise machst Du die Zusammenfassung auf Basis Deiner Auditnotizen (siehe Abschnitt 7.2.3), die Du während der Durchführung strukturiert anhand des Auditplans erstellt hast.

7.4 Der krönende Abschluss: Das Schlussgespräch

Einem gelungenen Start in das Audit folgt ein krönender Abschluss. So ist der Wunsch jedes Auditors nach einer Durchführung des Audits. Damit Dir das gelingt, erhältst Du zum abschließenden Teil der objektiven Durchführung Hinweise, die Dich bei der Frage unterstützen: Wie kann ich im Abschlussgespräch die Auditergebnisse präsentieren?

Mit dem Abschlussgespräch verfolgst Du das Ziel, die Auditergebnisse und die daraus resultierenden Auditschlussfolgerungen so zu präsentieren, dass diese von der auditierten Organisation verstanden und bestätigt werden.

Wichtig dabei ist, dass eventuell im Vorfeld vorhandene unterschiedliche Sichtweisen der Auditoren und der auditierten Bereiche in Bezug auf die Auditfeststellungen erklärend besprochen wurden. Du solltest eine Diskussion vermeiden.

Du hast dann die anspruchsvolle Aufgabe, die Auditfeststellungen sachlich richtig und vor allem eindeutig zu präsentieren und zu kommunizieren. Dies gilt sowohl für die positiven als auch für die verbesserungsfähigen Themen.

Welche Reihenfolge der Vorstellung solltest Du wählen? Oder anders formuliert: Welche Reihenfolge ist wirksamer? Es gibt hier kein richtig oder falsch. Die Erfahrungen haben gezeigt, dass bei einem Feedback eher Veränderungen in der Bereitschaft zur Veränderung stattfinden, wenn Du mit dem Positiven anfängst und zum Schluss das Verbesserungspotenzial vorstellst. Entscheidend ist, dass ein Nutzen aus den Auditergebnissen von den Auditierten erkannt wird.

Beim Abschlussgespräch solltest Du die folgenden Themen berücksichtigen:

- Wertschätzend für die Mitarbeit und Unterstützung während des Audits bedanken
- Über das Ergebnis der Feststellungen informieren
- Sicherlich ist es von Vorteil, erst mit dem Positiven zu beginnen. Entscheide selbst - es gibt kein richtig oder falsch.
  - Positives
  - Empfehlungen zur Verbesserung
  - Abweichungen (kritisch, nicht kritisch?)
- Auffordern, Fragen über Unklarheiten zu stellen
- Die Auditierten um Feedback befragen:
  - Was waren die Erwartungen an das Audit?
  - Wie haben sie sich gefühlt?
  - Was wäre zu verbessern?
- Aktiv nach Feedback über das Auditieren fragen, um somit die Möglichkeit zu erhalten, die Auditkompetenz zu verbessern. Das zeigt Bereitschaft zur eigenen Verbesserung.

7.5 Wichtigste Erkenntnisse

Deine Aufgabe ist es nicht, Deine Meinung, Ideen und Willen durchzusetzen. Es ist oftmals schwierig, dem Versuch zu widerstehen, unbedingt eine Abweichung finden zu wollen oder gar zu müssen, weil der Auftraggeber das gerne so erwartet. Die Erwartungshaltung hast Du bereits in der Auftragsklärung besprochen.

Audits mit Gewinn durchführen. Dies ist die Aufgabe von Dir und Deinem Team und zugleich auch eine Herausforderung. Mit einer Zusammenfassung erhältst Du zehn Tipps für Deine objektive Durchführung. Wende diese Empfehlungen in der Praxis an, und Du wirst vom Erfolg überrascht sein:

1. Wähle eine konstruktive und wertschätzende Ausdrucksweise (Braun 2018, S. 15).
2. Wertschätzend sein. Mache Dir bewusst, welche Stärken die Auditierten haben. Gebe situativ, authentisch und freudig Rückmeldung.
3. Höre aktiv zu, und Du wirst überrascht sein, was sich daraus entwickeln kann.
4. Beachte: Nicht immer ist die Königsdisziplin des Zuhörens auch die richtige. Wie immer ist auch beim Auditieren Fingerspitzengefühl gefragt.
5. Wende das Pareto-Prinzip oder die 80/20-Regel an. Mit 20 % Fokus auf Fragen erzeugen 80 % der Ergebnisse in Form von Antworten.
6. Stelle am Ende des Audits die Frage zur Reflexion an den Auditierten: Welchen Nutzen hatte das Audit für Sie? (vgl. DGQ 2018, S. 10)
7. Nutze die maximale Wirkung im Audit, wenn Du die drei Erfolgsfaktoren beachtest: gemeinsames Problemverständnis schaffen, basierend auf objektiven Nachweisen, gefolgt von einer verbindlichen Maßnahmenplanung (vgl. Matter 2019, S. 13).
8. Nutze die Phase der Durchführung, um alles, was Dir wichtig erscheint, noch einmal auf Basis Deiner Auditnotizen zusammenzufassen und bei Unklarheiten ggf. nochmals nachzufragen. Das zeigt Interesse, und Du hältst nicht nur das Gespräch in einem angenehmen Fluss, sondern beugst auch Missverständnissen vor.
9. Fasse die verschiedenen Fragen zu möglichen Themenblöcke zusammen. Deine vorbereiteten Schwerpunkte mittels z. B. der Turtle-Methode (Abschnitt 6.3) helfen Dir dabei.
10. Führe zahlreiche Audits durch, und Deine Akzeptanz wird sich schlagartig steigern. Nutze die Möglichkeit einer Trainerbegleitung während des Audits, um sich schnellstmöglich zu verbessern.

7.6 Wichtigste Dokumente

Folgende Dokumente und Hinweise geben Dir zusätzliche Unterstützung:

Eröffnungsgespräch:

- Beachte die Themen gemäß der Checkliste unter Abschnitt 7.1.
- Notiere Hinweise aus der Vorstellungsrunde der Beteiligten, die für das Audit relevant sein könnten.
- Notiere die Erwartungshaltung der Auditierten, auf die Du eventuell im Abschlussgespräch eingehen kannst.

Ein Beispiel: In einem risikobasierten Prozess ist besonders auf die Einhaltung der Reihenfolge der Tätigkeiten zu achten.

Auditnotizen:

Sammlung der Nachweise bezogen auf die Auditsequenzen, um eine Beurteilung gegen die Auditkriterien machen zu können. Das Ergebnis daraus sind die Auditfeststellungen.

- Fragelisten: Standardfragen betreffend der ISO 9001 oder Deine spezifischen Fragen
- Abschlussgespräch: Beachte die Themen gemäß der Checkliste unter Abschnitt 7.4.

7.7 Reflexionsfragen

Mit den nachstehenden Fragen führst Du als Abschluss Deine Reflexion in diesem Kapitel durch:

1. Worin siehst Du Deine Stärken und Verbesserungspotenziale in der Durchführung von Audits (Zutreffendes auswählen: intern, beim Lieferanten, beides)?
2. Was hast Du bereits versucht oder überlegt, um die Verbesserungspotenziale zu erschließen? Was davon ging in die richtige Richtung?
3. Wie könnte eine mögliche Lösung aussehen?

8 Zielorientierte Nachbereitung

Nun weißt Du, wie Du Audits mit Deinen ausgewählten Methoden durchführst und vor Ort abschließt. Damit ist jedoch der Audit für Dich als Auditorin oder Auditor noch nicht abgeschlossen. Die Berichterstattung ist offiziell der Nachweis, dass der Audit erfolgt ist.

Was meinst du: Welcher Teil des Auditprozesses ist für die meisten Auditoren der schwierigste? Du hast es richtig erraten: die Berichterstellung.

Mit der Berichterstellung hört das Audit allerdings noch nicht auf, schon gar nicht, wenn Auditoren wie Maya eine bewusste Auditstrategie verfolgen und diese auf die Wirksamkeit prüfen möchten. Und erst recht nicht, wenn Du nach dem PDCA-Ansatz und dem risikobasierten Ansatz arbeitest.

Ein Auditbericht zu erstellen, ist nur ein kleiner Teil davon. Damit Du zu einem knackigen Bericht kommst und darüber hinaus die Wirksamkeit Deiner Tätigkeit überprüfst, muss Deine Nachbereitung zielgerichtet sein (Bild 8.1).

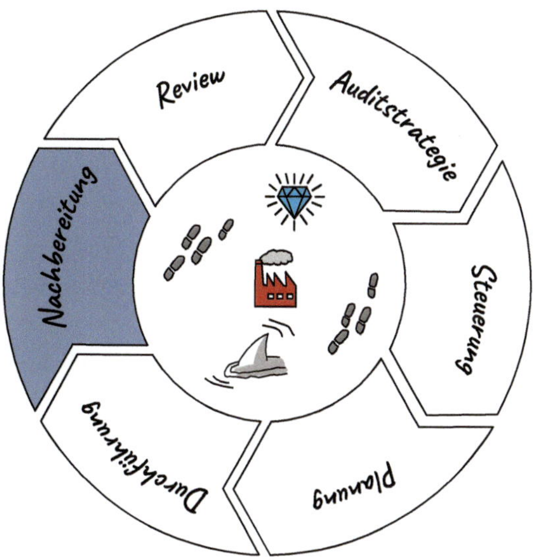

Bild 8.1
Phase 5 des Auditprozesses: Nachbereitung

Ein Grund, warum die meisten sich mit die Berichterstellung schwer tun, ist, dass sie bei der Planung nicht bereits das Endergebnis im Hinterkopf haben bzw. nicht ergebnisorientiert handeln.

Gewöhne Dir an, vor Beginn jeder Tätigkeit eine klare Vorstellung von dem zu haben, was am Ende von Dir erwartet wird, und vor allem, was Du in allen relevanten Aspekten erreichen möchtest. Zudem ist es wichtig zu überlegen, wer die Adressaten der Endergebnisse sind und was sie mit den Ergebnissen bezwecken. Konkret für Audits heißt es beispielsweise, dass Du ...

- den Auditauftrag und das Auditziel verstanden hast,
- selbst die Machbarkeit überprüft hast, so dass Dir nichts im Wege steht,
- die Kriterien, wogegen Du überprüfst, kennst und sicher bist, dass Deine Auditvorgehensweise zweckmäßig ist,
- nach den nötigsten Informationen fragen wirst,
- weißt, wer den Bericht lesen wird, damit Du diesen empfängergerecht verfasst,
- Deinen Beitrag kennst, um ein Audit mit Mehrwert zu liefern.

Du darfst hier zielorientiert nachbereiten. Was meinen wir mit einer zielorientierten Nachbereitung?

> ✓ Eine **zielorientierte Nachbereitung** ist die Fähigkeit, den gewünschten Zustand nach Deiner Audittätigkeit (Ziel oder Ziele) noch während Deiner Tätigkeit fest im Blick zu haben und Deine Tätigkeiten daraufhin auszurichten, dass dieses Ergebnis erreicht wird. Sollte dies nicht möglich sein, dann erlangst Du Erkenntnisse darüber, warum dies der Fall war. Ein Ergebnis kann sein, dass das gewünschte Ergebnis nicht erreichbar ist (faktenbasiert) oder das Ergebnis oder ein Teil davon irrelevant geworden ist.

Die erfolgreichsten Nachbereitungen beginnen bereits bei der Konzeptionierung für ein Auditprogramm bzw. vor der Auditdurchführung eines Audits. Denn hier legst Du bereits die Kriterien und Ziele fest, wogegen Du am Ende überprüfst, inwieweit diese erfüllt bzw. erreicht worden sind. Du bereitest Dich auch so vor, damit dieses Ziel erreicht ist.

Die Grundsatzhaltung muss sein: mit möglichst wenig Aufwand das gewünschte Ziel zu erreichen. So wird auch die Berichterstellung einfach, wenn Du die Vorlage verstanden hast und die wichtigsten Informationen an den richtigen Stellen während Deiner Audittätigkeit einfügst.

Bevor wir tiefer in die Nachbereitungsphase einsteigen, schauen wir uns an, wie es Maya gerade geht.

Maya und Paul kommen sehr gut voran. Auditoren haben nun den Auditauftrag erhalten und führen wie geplant Audits durch. Die Vorlage für die Managementbewertung ist nun angepasst. Es werden nicht nur die Anzahl an Audits als Ergebnis berichtet, sondern konkrete Erkenntnisse über den Handlungsbedarf in den verschiedenen Bereichen systematisch aufbereitet.

Maya hat dennoch weitere Herausforderungen zur Auditnachbereitung.

Maya führt selbst auch Audits durch. Wenn es um die Berichterstellung geht, kämpft jeder für sich, und sie fragt sich, wie die anderen das schaffen.

Für Maya ist das ebenfalls der herausforderndste Teil der Auditnachbereitung. Nicht nur aufgrund der Zusammenfassung und Auswertung - sie stellt sich auch weiterhin die Frage: Was darf ich wie im Auditbericht erwähnen, sodass das Audit für die Berichtempfänger und die Auditierten einen Mehrwert liefert? Wie hole ich die Auditierten so ab, damit sie Feststellungen akzeptieren und die Maßnahmen mit Nachdruck proaktiv verfolgen?

Maya hat die Erfahrung gemacht, dass die Prozessverantwortlichen sich nicht um die Maßnahmen aus den Audits kümmern, weil sie sich vermutlich nicht verantwortlich fühlen, egal wie oft sie sie daran erinnert.

Gemäß Prozessbeschreibung liegt es in der Verantwortung der Prozessverantwortlichen, die Wirksamkeit der Maßnahmen zu überprüfen.

Sie fragt sich weiterhin, was Paul vom Bericht erwartet. Schließlich weiß sie jetzt, dass ihr Vorgesetzter Paul die Berichte liest. Ob er aber die Prozessverantwortlichen bei den monatlichen Meetings mit allen Abteilungsleitern in die Pflicht nehmen wird, ist für Maya noch nicht klar. Damit Maya in der Sache weiterkommt, ist es hilfreich, die Erwartungen von Paul persönlich abzuholen.

Aktuell ist alles in einer Excel-Liste zusammengefasst. Ob das neue Tool mit einer Maßnahmenverwaltung und Erinnerungsfunktion es besser machen würde?

Obwohl Maya die Zusammenarbeit mit Paul als erfolgsversprechend einstuft, ist sie vor allem in der Phase der Nachbereitung ab und zu verunsichert. Sie weiß wie keiner sonst im Betrieb, dass sie sogar Maßnahmen in ihrer Liste hat, die seit 5 Jahren nie angefasst wurden.

Lass uns gemeinsam herausfinden, was zu einer zielorientierten Nachbereitung gehört, und Maya Hinweise liefern, wie sie sich vom Beginn an auf diese Phase vorbereiten kann.

Quicktipp

Plane genügend Zeit für die Nachbereitung für Audits ein und halte diese ein. Verschiebung raubt Dir die Freude und schafft kein Vertrauen bei den Beteiligten.

Die ISO 19011:2018, Kapitel 6.4.7 bis 6.7 liefert Dir weiteren Input zur Verifizierung von Informationen bis zur Durchführung von Auditfolgemaßnahmen.

8.1 Was gehört zur zielorientierten Nachbereitung?

Tabelle 8.1 listet die zentralen Fragen auf, die für eine zielorientierte Nachbereitung relevant sind, und gibt konkrete Hilfestellungen zur Beantwortung. Mithilfe dieser Tabelle kannst Du zielorientiert vorgehen und die Nachbereitungsphase einfach und gewinnbringend gestalten. Die Auditprogrammverantwortliche kann die in der Tabelle aufgelisteten Fragen auch gesamthaft beantworten (siehe auch Abschnitt 5.3).

Tabelle 8.1 Mit der Ergebnisvorstellung Deine Audittätigkeiten starten

Mit Fragen zur Lösung	So startest Du ergebnisorientiert
1. Hast Du die Ergebnisse aus dem vergangenen Audit angesprochen?	Ein Teil von Deiner Checkliste oder Auditberichtsvorlage, sodass Du diese zu Beginn des Audits nicht vergisst.
2. Wurden die Auditziele erreicht? (Konnten mit den Audits die Risiken und Chancen beispielsweise mithilfe der Turtle-Methode, siehe Abschnitt 6.1.5, in den Prozessen aufgezeigt werden?)	Du holst Dir die nötigen Informationen, um auf die Erkenntnisse für das Auditziel zu gelangen. Zu Beginn hast Du eine Checkliste mit Mindestinputs von den Auditierten.
3. Hast Du mit diesem Audit Schmerzpunkte vor Ort angesprochen und damit zum Unternehmenserfolg oder zur Lieferantenentwicklung beigetragen?	Arbeiten mit Checkliste. Themen außerhalb des Auditgesprächs, die Auditierte mehr bewegen, nimmst Du ernst und platzierst sie nach dem Audit entsprechend.
4. Konnten die Audits wie geplant durchgeführt werden? Zeitlich, inhaltlich, gewinnbringend?	Eine Überprüfung, ob dies erreicht wurde. Wenn nicht, handeln, damit es das nächste Mal passt.
5. Sind die Feststellungen aus den einzelnen Sequenzen wertvoll und bringen diese Dein Unternehmen weiter?	Diese gibst Du nach jeder Sequenz mündlich weiter, und Du hast Erkenntnisse darüber wie die Menschen darauf reagieren.
6. Sind Deine Aussagen sowie die Auswertung faktenbasiert?	Siehe Abschnitt 8.2.
7. Ist der Auditbericht einfach und verständlich für den Auftraggeber und Auditor/Auditorin geschrieben?	Siehe Abschnitt 8.3. Beachte die Rückmeldungen, die Du erhältst.
8. Sind die Maßnahmen aus dem Audit verständlich kommuniziert und akzeptiert, sodass sie umgesetzt werden können?	Darüber sprichst Du mit den Auditierten, sodass diese verstanden sind, bevor Du überhaupt den Bericht fertig erstellst.
9. Gibt es einen ganzheitlichen Handlungsbedarf, den Du der Auditprozessverantwortlichen mitteilen möchtest bzw. ist der Auditprozess mit den nötigen Tools soweit aktuell und hilfreich?	Gebe der Auditprogrammverantwortlichen eine Rückmeldung zu den Vorlagen und Audittools, die ihr einsetzt.
10. Was lernst Du persönlich als Auditorin/Auditor nach jedem Audit?	Notiere Dir, was Du auf jeden Fall nächstes Mal verbessern möchtest. Siehe auch Abschnitt 8.4.3.

Quicktipp

Füge in der Tabelle noch weitere Punkte hinzu, die Dir helfen, effektiver und effizienter zum Ziel zu kommen. Jedes Audit bringt neue Erkenntnisse mit sich. Nicht alles kann standardisiert werden. Gewöhne Dir an, Dich regelmäßig mit den anderen Auditoren auszutauschen mit dem Ziel, jedes Mal besser zu sein.

Wichtige Elemente einer zielorientierten Nachbereitung sind weiterhin eine faktenbasierte Auswertung, ein knackiger Bericht sowie die Überprüfung der Wirksamkeit.

8.2 Faktenbasierte Auswertung

Eines der Auditprinzipien ist der faktengestützte Ansatz. Wozu dienen diese Auditprinzipien? Hier ein Auszug aus der ISO 19011:2018, Kapitel 4:

Das Auditieren stützt sich auf eine Reihe von **Prinzipien**. Diese Prinzipien sollten dazu dienen, das Audit zu einem wirksamen und zuverlässigen Werkzeug zur Unterstützung von Managementpolitiken und -steuerungen zu machen, indem Informationen bereitgestellt werden, auf deren Grundlage eine Organisation handeln kann, um ihre Leistung zu verbessern. Die Einhaltung dieser Prinzipien ist eine Voraussetzung, um Auditschlussfolgerungen zu liefern, die relevant und ausreichend sind, und um unabhängig voneinander arbeitende Auditoren zu befähigen, zu ähnlichen Schlussfolgerungen unter ähnlichen Umständen zu gelangen.

Die Auditprinzipen sprechen wir erneut in Abschnitt 10.1.1 an. Diese Prinzipien sind wichtig und machen die Schlussfolgerungen für jeden Beteiligten nachvollziehbar. Die Aussagen von Dir als Auditor, ob geschrieben oder nicht, müssen verifizierbar sein.

Das bedeutet auch, dass Deine Stichprobeermittlung bereits dieses Prinzip berücksichtigen muss. Um die Feststellungen sinnvoll auszuwerten, bereitest Du Dich von Beginn an so vor, dass Du die nötigen Daten bis zum Ende der Durchführung bekommst. Sollte dies nicht möglich sein, darfst Du Dir Unterlagen oder fehlende Informationen auch nach dem Audit liefern lassen, sofern diese für das Auditziel relevant sind.

Alles, was nicht verifizierbar ist, gehört nicht in den Auditbericht. Daher ist es eine gute Übung, die eingesehenen Nachweise bei jeder Feststellung sowie die Kriterien bei jeder Abweichung zu erwähnen und in Deine Auditnotizen mit dem entsprechenden Bezug aufzunehmen.

Mit dem Auditprogramm, das aus der festgelegten Strategie entsteht, wurde bereits Folgendes mit dem Auditauftrag festgelegt:

- Schwerpunkte in dieser Auditperiode
- Auditziele je Audit
- Auditkriterien

Darüber hinaus hast Du nach jedem Audit einiges mehr festgestellt. Ob diese zu Abweichungen oder Verbesserungspotenzialen führen, legst Du bei der Auswertung mit der Gegenüberstellung zu den Auditkriterien fest. Nun ist es Deine Aufgaben, das Erreichte zu bewerten. Hier geht es sowohl um den Auditauftrag als auch die Ergebnisse bzw. die Feststellungen.

Nachfolgend gehen wir diese Punkte durch.

1. Einfache Schritte zur faktenbasierten Auswertung
2. Umgang mit Nichtkonformitäten
3. Best Practice weitergeben

8.2.1 Einfache Schritte zur faktenbasierten Auswertung

Wie gehst Du nun nach der Auditdurchführung vor?

1. Frage Dich, ob Du das Audit gemäß Auftrag durchgeführt hast - siehe definierte Schwerpunkte und Auditziele. Du kannst jederzeit noch aus der Ferne etwas überprüfen oder nachfragen. Beispielsweise, wenn die Risiken und Chancen nicht identifiziert wurden, die für eine brauchbare Feststellung nötig sind.
2. Frage Dich, ob Dir alle Nachweise zur Auswertung vorliegen. Idealerweise hast Du nach der Durchführung sofortige Rückmeldung gegeben bzw. die wesentlichen Auditergebnisse am Audittag kommuniziert. Frage Dich nach der vollständigen Dokumentenprüfung, ob die Auditergebnisse noch gültig sind. Sollten Dir Informationen fehlen, so kannst Du diese nachfordern und erneut auswerten.
3. Frage Dich, ob die Auditkriterien umfassend genug berücksichtigt worden sind. Wurden zum Beispiel, während Du den Prozess durchlaufen bist, die Prozessvorgaben eingehalten? Vergiss nicht: Deine Aussagen müssen verifizierbar sein. Daher können nach der vollständigen Dokumentenprüfung weitere Erkenntnisse entstehen. Wichtig ist, dass Du die Auditierten informierst, falls die einzelnen Abweichungen kritisch sind, bevor sie einen Bericht mit abweichendem Inhalt bekommen.

4. Verwende zu Beginn eine Checkliste oder Notizen, um die einzelnen Feststellungen festzuhalten. Es ist wichtig, dass Du systematisch vorgehst und Dich fragst, wie oft eine Abweichung oder eine gute Praxis vorkommt, sowie wie schwer die Auswirkungen davon sind. Erkennst Du Trends? Der risikobasierte Ansatz begleitet Dich durchgehend. Sollte bei der Nachbereitung noch etwas fehlen, so kannst Du aus der Ferne weitere Nachweise verlangen (siehe auch Umgang mit Abweichungen).
5. Bewerte die Auditnachweise anhand von Auditkriterien, um Auditfeststellungen zu bestimmen. Auditfeststellungen weisen auf die Konformität oder Nichtkonformität mit den Auditkriterien hin. Sie zeigen weitere Verbesserungspotenziale oder Best Practices auf. Vervollständige die Auswertung und erstelle den Bericht innerhalb von drei Tagen.

Wie Du einen ansprechenden Auditbericht schreibst, erfährst Du in Abschnitt 8.3. Doch vorher zeigen wir Dir, wie Du mit Abweichungen und Best Practices umgehst.

8.2.2 Umgang mit Nichtkonformitäten

Deine Auditergebnisse beinhalten nicht nur die Nichtkonformitäten, auch als Abweichungen bekannt, sondern auch positive Eindrücke und den Best-Practice-Transfer. Denn wir möchten das Beste aus den Audits machen und nicht nur Jahr für Jahr die Normerfüllung bestätigen.

In der Praxis treffen wir auf eine Vielzahl von Klassifizierungen von Nichtkonformitäten und Verbesserungspotenzialen. Die ISO 9001 spricht im Zusammenhang mit internen Audits lediglich von Auditergebnissen. Zur Wiederholung:

9.2.2 Die Organisation muss:

a) ein oder mehrere Auditprogramme planen, aufbauen, verwirklichen und aufrechterhalten, einschließlich der Häufigkeit von Audits, Methoden, Verantwortlichkeiten, Anforderungen an die Planung sowie Berichterstattung, welche die Bedeutung der betroffenen Prozesse, Änderungen mit Einfluss auf die Organisation und die **Ergebnisse vorheriger Audits** berücksichtigen müssen;
b) für jedes Audit die Auditkriterien sowie den Umfang festlegen;
c) Auditoren so auswählen und Audits so durchführen, dass Objektivität und Unparteilichkeit des Auditprozesses sichergestellt sind;
d) sicherstellen, dass die **Ergebnisse der Audits** gegenüber der zuständigen Leitung berichtet werden;
e) geeignete Korrekturen und Korrekturmaßnahmen ohne ungerechtfertigte Verzögerung umsetzen;
f) dokumentierte Information als Nachweis der Verwirklichung des Auditprogramms und der **Ergebnisse der Audits** aufbewahren.

(ISO 9001)

In Kapitel 10.2 gibt es allerdings Anforderungen für den Umgang mit Nichtkonformitäten, die auch die Auditergebnisse beinhalten:

> 10.2.1 Wenn eine Nichtkonformität auftritt, einschließlich derer, die sich aus Reklamationen ergeben, muss die Organisation:
>
> a) darauf reagieren und, falls zutreffend:
>   1. Maßnahmen zur Überwachung und zur Korrektur ergreifen;
>   2. mit den Folgen umgehen;
>
> b) die Notwendigkeit von Maßnahmen zur Beseitigung der Ursachen von Nichtkonformitäten bewerten, damit diese nicht erneut oder an anderer Stelle auftreten, und zwar durch:
>   1. Überprüfen und Analysieren der Nichtkonformität;
>   2. Bestimmen der Ursachen der Nichtkonformität;
>   3. Bestimmen, ob vergleichbare Nichtkonformitäten bestehen oder möglicherweise auftreten könnten;
>
> c) jegliche erforderliche Maßnahme einleiten;
>
> d) die Wirksamkeit jeglicher ergriffenen Korrekturmaßnahmen überprüfen;
>
> e) Risiken und Chancen, die während der Planung bestimmt wurden, aktualisieren, falls erforderlich;
>
> f) falls erforderlich, das Qualitätsmanagementsystem ändern.
>
> Korrekturmaßnahmen müssen den Auswirkungen der aufgetretenen Nichtkonformitäten angemessen sein.
>
> 10.2.2 Die Organisation muss dokumentierte Information aufbewahren, als Nachweis
>
> a) der Art der Nichtkonformität sowie jeder daraufhin getroffenen Maßnahme;
>
> b) der Ergebnisse jeder Korrekturmaßnahme.
>
> (ISO 9001)

Für Dich als Auditorin/Auditor ist es entscheidend, wie Deine Rolle und der Prozess definiert sind. Halte diese Definitionen in Deinem Bericht fest, damit diese weiterverfolgt werden. Stelle sicher, dass auch nach dem Audit die Rolle und der Prozess klar sind.

Vielleicht arbeitet Dein Unternehmen mit Kategorien wie Haupt- und Nebenabweichungen sowie mit Hinweisen. Oder mit wesentlichen, geringfügigen Nichtkonformitäten sowie mit Empfehlungen. Für interne Audits raten wir unseren Kunden davon ab, Hinweise intern aufzuschreiben und eine Maßnahmenliste dafür zu erstellen. Hier ist unsere Begründung:

- **Erstens:** Auch die Nichterfüllung interner Vorgaben sind Abweichungen. Wenn das Auditziel beispielsweise war, Effizienz zu erhöhen, dann ist jede Korrekturmaßnahme, die dazu führt, notwendig und sollte als „Muss" definiert werden, nicht als „Kann".
- **Zweitens:** So hast Du eine Kategorie weniger, die gepflegt und kommuniziert werden muss. Zudem sparst Du Dir viele unnötige Diskussionen. Uns ist be-

wusst, dass dies eine Kulturfrage ist. Doch wie eingangs bereits erwähnt, musst Du sicherstellen, dass Feststellungen aus den Audits grundsätzlich keine negativen Konsequenzen auf die Menschen haben, die gerne mitarbeiten, um das Unternehmen voranzubringen.

Wie gehst Du nun konkret vor? Hier unser Ansatz:

1. Es ist wichtig, dass Du die Abweichungskategorien definierst und kommunizierst: wann ist eine Abweichung Major oder Minor (bzw. Haupt- und Nebenabweichung) und welche Konsequenzen folgen daraus? Diese hältst Du in der Prozessbeschreibung fest, und sie werden zu Beginn jedes Audits kommuniziert. Folgehandlungen umfassen in der Regel die Art der Maßnahme, die benötigte Zeit bis zur Korrektur und eine Notwendigkeit einer Sofortmaßnahme.

   Beispiel: Für Hauptabweichungen definiert ihr die Dringlichkeit über die Frist, bis die Korrekturdefinition erfolgt, nämlich in vier Wochen. Hingegen kannst Du für die Nebenabweichung sechs Monate definieren.

2. Bei der Definition von Nichtkonformitäten berücksichtigst Du die Auswirkung und die Bedeutung auf Qualität, soweit Du das abschätzen und herausfinden kannst. Hat eine Abweichung Einfluss auf die Qualität der Dienstleistung, des Prozesses oder des Produkts? Dann ist diese als eine Hauptabweichung (Major) einzustufen. Hat eine Abweichung keinen Einfluss auf die Qualität der Dienstleistung, des Prozesses oder des Produktes, dann ist dies als Nebenabweichung (Minor) einzustufen.

   Ist ein systematischer Fehler vorhanden, z. B. drei von vier Geräten wurden nicht kalibriert, dann ist das eine Hauptabweichung.

   Bei systematischen Fehlern solltest Du die Grundursachen zuerst analysieren bzw. analysieren lassen.

   Stellst Du hingegen fest, dass eine Abweichung zur mangelhaften Qualität führen könnte (nicht wird), dann ist das eine Nebenabweichung oder eine geringfügige Abweichung. In der Regel sprechen wir hier dann von fehlenden oder unvollständigen Dokumentationen, sofern die Umsetzung sauber war

3. Eine Feststellung, die zu einer Sofortmaßnahme führt und gleichzeitig nicht aus Nachvollziehbarkeitsgründen geschrieben werden muss, kannst Du für den Bericht ignorieren. Ein Beispiel: Ein Fluchtweg ist gesperrt. Wenn Du als Auditor siehst, dass das Team es verstanden und korrigiert hat, dann kannst Du hier Zeit und Nerven sparen und es dabei belassen.

4. Sollte beim Fall 3 die Nachvollziehbarkeit notwendig sein, z. B. Gerät sofort zur Überwachung schicken, dann bitte festhalten und Nachweise verlangen, um die Wirksamkeit im Blick zu haben. In diesem Fall bitte weitere Geräte und deren Überwachung kontrollieren und feststellen, ob es sich um einen Einzelfall oder um einen systematischen Fehler handelt.

8.2.3 Best Practices weitergeben

Nutzt ihr bereits Audits als ein Instrument, um Best Practices festzustellen und weiterzugeben? Dieses kulturelle Verhalten hilft Dir auch in Zukunft, Audits besser durchzuführen. Die Einstellung zu Audits wird positiv, wenn klar ist, dass auch beste Praktiken oder Positives vermittelt werden. Damit schaffst Du Multiplikatoren und mehr Bewusstsein für Qualität. Stelle also sicher, dass dies Teil Deiner Auditstrategie ist.

Diese besten Praktiken werden nicht nur in dem Bericht erwähnt, sondern auch in der Kommunikation und in den Managementbewertungen. Erzähle gute Vorgehensweisen weiter. Achte jedoch darauf, dass Du andere Bereiche nicht in direktem Vergleich aufzeigst oder einen Bereich schlechter dastehen lässt als den anderen, sofern Du nicht alle Fakten vorliegen hast. Am Ende ist ein Audit eine Stichprobe. Die Feststellungen sind im Gesamtkontext zu betrachten.

Drei Beispiele:

- **Beispiel 1 – Lieferantenmanagement**

  Produktionsstandort 2 PRODI hat Lieferprobleme mit dem SUPERLIEFERANT. Aus der Ursachenforschung hat sich ergeben, dass Teile aus China nicht ankommen, sodass die Lieferkette nicht mehr zuverlässig ist. Die Einkaufsverantwortliche ist involviert, weiß jedoch nicht, wie sie das lösen kann.

  In der letzten Auditsequenz hast Du festgestellt, dass Produktionsstandort 1 PRODA bereits ihre Lieferantenrisiken im Griff hat und keine Engpässe mehr erleidet. Die Beschaffung oder der Einkauf ist noch nicht zentralisiert, sodass die zwei Einkaufsverantwortlichen nicht zwangsläufig miteinander sprechen.

  Dein Quick-Win: Du verbindest beide Produktionsstandorte und bietest die Möglichkeit, dass sowohl Produktionsleitende als auch Einkaufsverantwortliche miteinander sprechen können. Es ist irrelevant, ob das Bestandteil Deines Auditplans war. Wenn Menschen echte Herausforderungen haben, gehst Du darauf ein und bietest Lösungsmöglichkeiten.

  Ergebnis: Beide Standorte sind froh, voneinander zu profitieren. PRODI kann bald wieder liefern.

  Für Dich hört das nicht auf. Du platzierst dieses Anliegen weiter bei der Geschäftsleitung, sodass die Strategie in Zukunft berücksichtigt, dass der Einkaufprozess standardisiert werden kann, soweit sinnvoll.

- **Beispiel 2 – Systemeinführung**

  Bei der Einführung der neuen Software war auch mitunter in Deinem Auditauftrag festzustellen, inwieweit die neue Software bereits verwendet wird.

  Du stellst in der Auftragsabwicklung fest, dass alle über diese neue Software sehr froh sind. Sie können damit mehr machen als vorher, es läuft soweit gut.

Der Bereich Finanzen ist auf der anderen Seite nicht glücklich. Die Daten sind aus ihrer Sicht weder plausibel noch vollständig. Die Zusammenarbeit mit dem Software Provider läuft für sie zäh. Das Team befürchtet, den Jahresabschluss nicht rechtzeitig durchzuführen. Du merkst auch, wie viel Angst sie haben.

Dein Quick-Win: Frage das Auftragsabwicklungsteam, wie sie vorgegangen sind. Du findest heraus, dass das Team alle Tests rechtzeitig durchführte und zu dem Software Provider stets Kontakt hatte, um Themen sofort zu platzieren und beheben zu lassen. Zudem hat die Auftragsabwicklung eine sogenannte Fachanwenderin ernannt, die sicherstellte, dass die Brücke zwischen Mitarbeitenden und Software Provider hergestellt wurde.

Für den Bereich Finanzen ist es nie zu spät. Berichte darüber, dass es andere sind, die darüber glücklich sind und was sie anders machen. Verbinde sie miteinander. Lass die Abteilung Finanzen neugierig sein auf die Abteilung Auftragsabwicklung.

Für Dich hört die Reise nicht auf, denn die Software wird noch ausgerollt. Suche ein Gespräch mit der Projektleitung und teile Deine Erkenntnisse mit. Berichte sachlich und konstruktiv und stelle sicher, dass diese Learnings für wirksames Projektmanagement hineinfließen.

Best-Practice-Weitergabe ist eine sehr wertvolle Methode, Silos abzubauen und das Unternehmen weiterzubringen.

Selbst externe Audtitoren werden auch begeistert sein, wenn ihr mehr aus der Norm macht und Best Practice weitergebt.

- **Beispiel 3 – Sinnvolle Verwendung von Daten, die euch zur Verfügung stehen**

Bei der Frage im Rahmen eines internen Audits, woran der Bereich Produktmanagement erkennt, dass der Prozess gut läuft, wird Dir ein aussagekräftiges Cockpit vorgestellt.

Die Software dahinter ist die Microsoft Power BI. Jeder hat darauf Zugriff, nur den wenigstens ist diese Tatsache bewusst. Du bist neugierig und möchtest mehr herausfinden. Denn Du kannst Dich nicht erinnern, davon als ein offizielles Projekt gehört zu haben. Es stellt sich heraus, dass der stellvertretende Leiter des Bereiches Produktmanagement auch Freude an datengetriebenen Anwendungen hat, sodass er ungefragt ein Pilotprojekt für seine Abteilung umsetzte. Dieses wurde mit Begeisterung angenommen, und seitdem ist diese Abteilung aus Bedarf und Interesse heraus sehr datengetrieben.

Du weißt, dass die Geschäftsleitung ein datengetriebenes Unternehmen anstrebt. Dir ist zu dieser Zeit weder ein Projekt noch eine Datenstrategie bekannt.

Was machst Du nun mit dieser Feststellung?

Unbedingt davon berichten und so korrekt platzieren, dass die Geschäftsleitung etwas damit machen kann. Da nun bereits ein Pilotprojekt und Use Cases vorliegen, braucht es nicht viel, um ein solches Cockpit und darüber hinaus für das ganze Unternehmen anzustreben.

Ob Du solche Themen als Maßnahmen festhältst, ist zweitrangig, aber unbedingt als Best Practice und mündlich weiterzusagen. Themen, die Menschen bewegen, selbst wenn diese nicht Teil des Audits sind, solltest Du zulassen. Die Vorteile dieses Ansatzes:

1. Du erhöhst damit die Akzeptanz für Audits und für QM-Ansätze. Mitarbeitende sehen den Mehrwert Deines Besuchs, können den Wert greifen, und damit trägst Du zum Unternehmenserfolg bei.
2. Du kannst wie in den drei Beispielen Quick-Wins erzeugen, was Dich erfüllt und motiviert, mehr aus den Audits zu machen.
3. Du sprichst die Sprache der Geschäftsleitung und weißt um ihre Schmerzen. Die Erkenntnisse darüber, was läuft gut/schlecht und warum, gibst Du sachlich und konstruktiv weiter.

8.3 Knackiger Auditbericht

Wie bereits festgestellt, spricht die ISO 9001 lediglich von Auditergebnissen und die interne Anforderung betreffend Auditberichterstattung. Es fehlt konkret eine Vorgabe über einen Auditbericht. Ein formeller Bericht ist in der Praxis dennoch üblich. Wichtig ist, dass Du selbst definierst, wie und mit welchen Tools die Berichterstattung erfolgt. Zur Erinnerung: Gestalte Deine Vorlage so einfach wie möglich.

Ein Bericht, der nicht knackig ist, wird nicht gelesen und liefert auch keinen gewünschten Mehrwert. Zu einem knackigen Bericht kommst Du, wenn Du …

- die formellen und nützlichen Inhalte umfassend und gut vermittelst,
- auf verständliche Formulierungen achtest sowie
- die Maßnahmen, die über die Wirksamkeit Deines Audits entscheiden, verbindlich festhältst.

In diesem Kapitel schauen wir uns zunächst den formellen Aspekten des Berichts und weitere wertvolle Inhalten an. Anschließend machen wir den Bericht schmackhaft und sprechen den Umgang mit Maßnahmen an. Konkret geht es um Folgendes:

1. Berichterstellung und die Inhalte
2. Verständliche Formulierung
3. Verbindliche Maßnahmen

8.3.1 Berichterstellung und die Inhalte

Bereits bei der Durchführung hast Du idealerweise Notizen und Feststellungen an den vorgesehenen Stellen in der Berichtsvorlage eingefügt. Stelle sicher, dass Deine Vorlage einfach zu verwenden ist.

Bei jeder Berichterstellung hast Du die Möglichkeit, diese zu überprüfen und gegebenenfalls dem Qualitätsmanager zu melden. Idealerweise ist das direkt ins System einzutragen. Doch auch mit Office-Dateien ist es möglich, die Handhabung so einfach wie möglich zu gestalten.

Quicktipp

Für beide interne und Lieferantenaudits empfehlen wir Dir eine Verwendung einer Checkliste, die gleichzeitig als ein Auditbericht gilt. Als Basis Deiner strukturierten Auditnotizen kannst Du bereits einen Auditbericht schreiben (siehe auch Abschnitt 7.3.2). Für Geschäftsleitung und Prozessverantwortliche fasst Du das Ganze dann auf einem Blatt zusammen - maximal eine Seite.

Nutze Fotos. Intern ist das mehr als legitim. Bei Lieferanten frage um Erlaubnis zur Verwendung. Das erspart Dir viele Worte.

Priorisiere, was Du beschreiben möchtest. Es lohnt sich, nicht alles zu erwähnen. Je mehr Maßnahmen Du festhältst, desto mehr Arbeit ohne Mehrwert hast Du hinterher. Wenn etwas kritisch ist und Auswirkung auf Qualität hat, bitte unbedingt erwähnen. Ansonsten genügen eine mündliche Abmachung und Verständigung darüber, was sonst zu tun ist.

Um Akzeptanz bei den Auditierten und Prozessverantwortlichen zu erhöhen, schicke Deinen Bericht oder einen Auszug davon als Entwurf. Dieser Schritt ist sehr hilfreich, wenn Du Audits als anerkanntes und gewinnbringendes Instrument für Deinen Unternehmenserfolg nutzen möchtest.

Wie erstellst Du einen einfachen Auditbericht mit Mehrwert? Was genau im Auditbericht aufgenommen wird, ist individuell und ja nach internen und externen Vorgaben zu erstellen. Die Informationen, die wir hier aufführen, findest Du in den meisten Auditberichten in der Praxis. Diese dienen auch der Rückverfolg- und Nachvollziehbarkeit.

Zur Wiederholung – gemäß ISO 9001 wird Folgendes verlangt:

> 9.2.2 Die Organisation muss:
>
> a) ein oder mehrere Auditprogramme planen, aufbauen, verwirklichen und aufrechterhalten, einschließlich der Häufigkeit von Audits, Methoden, Verantwortlichkeiten, Anforderungen an die Planung sowie Berichterstattung, welche die Bedeutung der betroffenen Prozesse, Änderungen mit Einfluss auf die Organisation und die **Ergebnisse vorheriger Audits** berücksichtigen müssen;
> b) für jedes Audit die **Auditkriterien** sowie den Umfang festlegen;
> c) **Auditoren** so auswählen und Audits so durchführen, dass Objektivität und Unparteilichkeit des Auditprozesses sichergestellt sind;
> d) sicherstellen, dass die Ergebnisse der Audits gegenüber **der zuständigen Leitung berichtet** werden;
> e) **geeignete Korrekturen und Korrekturmaßnahmen** ohne ungerechtfertigte Verzögerung umsetzen;
> f) **dokumentierte Information als Nachweis** der Verwirklichung des Auditprogramms und der **Ergebnisse der Audits** aufbewahren.
>
> (ISO 9001)

Somit sind folgende formelle und nützliche Aspekte mindestens in dem Bericht enthalten und sicherzustellen (siehe auch die ISO 19011, Kapitel 6.5.1):

- Datum und Ort des Audits, eindeutig nachvollziehbare Auditnummer
- Namen der Auditierten und Namen des Auditteams (Lead-Auditor, Co-Auditor, Fachexperte, Begleiter)
- Auditkriterien: z. B. ISO 9001, Prozessbeschreibung, Zeichnung, Kundenspezifikation, Beanstandung
- Auditierte Bereiche
- Stand Ergebnisse vorheriger Audits
- Geeignete Korrekturen – falls bereits klar und abgemachte Korrekturmaßnahmen
- Verteiler: Mindestverteiler umfasst Geschäftsleitung, Prozessverantwortliche, QM und auditierte Personen

Weitere relevante und wertvolle Inhalte sind:

- Informationen über die Erreichung der Auditziele (festhalten, warum Auditziele [nicht] erreicht worden sind)
- Information über die Stichprobe (um zu zeigen, ob die Nachweise repräsentativ sind oder nicht)
- Zielsetzung und Schwerpunkte des Audits, ausgehend von Deiner Auditstrategie

- Stärken und Schwächen, Chancen und Risiken eines Bereichs, sofern sinnvoll
- Best Practice (gute Praktiken)
- Geprüfte Nachweise
- Festlegung nächster Schritte inklusive Termin zur Vorlage des Maßnahmenplans inklusive Verantwortlichkeiten
- Art der Feststellungen: Abweichungen, Verbesserungspotenziale, Risiken, Chancen sowie deren Auswirkung der Ergebnisse auf Qualität
- Bei Abweichung unbedingt aufführen, welche Kriterien konkret nicht erfüllt worden sind

Ein Bericht liefert Mehrwert für den Leser. Der Empfänger erkennt in dem Bericht schnell und einfach: den Handlungsbedarf, gute Praktiken und nächste Schritte. Daher wähle eine geeignete Vorlage, die Dich dabei unterstützt.

Es gibt zwei Möglichkeiten, die Du je nach Auditziel anwenden kannst:

- Ein Bericht in Form einer ausgefüllten Checkliste – für die ISO-Norm-Erfüllung und für Deine Nachvollziehbarkeit ist das ausreichend
- Maximal zwei DIN A4-Seiten, mit einer Zusammenfassung auf der ersten Seite

Zusammenfassend können wir hier festhalten, dass ein knackiger Bericht:

- für alle Leser nachvollziehbar und verständlich aufgebaut ist,
- die Sprache der Empfänger spricht. Wenn Du in der Normsprache berichtest, schreibst Du nur für die ISO-Auditoren, worunter die Akzeptanz von internen Audits leidet,
- den Handlungsbedarf mit Fakten untermauert verständlich zeigt – siehe Abschnitt 8.3.2,
- gute Praktiken und positive Feststellungen beinhaltet,
- verbindliche Maßnahmen und nächste Schritte, falls relevant, beinhaltet – siehe Abschnitt 8.3.3.

8.3.2 Verständliche Formulierung

Zu einem knackigen Auditbericht gehört auf jeden Fall eine verständliche und positive Formulierung durch den Verfasser. Verständlich und positiv sind Formulierungen, die:

- auf Fakten referenzieren,
- Sinn und Folge einer Feststellung aufweisen,
- nächste Schritte adressieren, sodass die Adressierten Klarheit darüber haben, was sie als Nächstes zu tun haben.

Wähle insbesondere bei den Abweichungen positive Formulierungen, um deutlich zu machen, welche Potenziale negative Ergebnisse bergen. Hier sind einige Beispiele:

1. Die Schulungsmaßnahmen wurden vollständig und zeitnah durchgeführt. Die Wirksamkeit gemäß Schulungsprozess konnte aber noch nicht flächendeckend überprüft werden.
2. Alle Trainings wurden sorgfältig dokumentiert. Zudem sind die Nachweise bereits im Lernmanagementsystem. Die Auditoren schlagen vor, Nachweise nicht mehr separat aufzubewahren, sondern das etablierte Lernmanagementsystem als Referenz für die Nachweise und Fortschritte zu nutzen.
3. Um das Risiko finanzieller Folgen zu minimieren, sind die Vertragsinhalte mit den Kunden nochmals zu überprüfen und ggf. zu ändern.

Schauen wir uns ein anderes Beispiel an und wie Du es umformulieren kannst:

- **Möglichkeit 1:**

  Bei zwei Lieferanten wurden keine Lieferantenbeurteilungen durchgeführt.
- **Möglichkeit 2:**

  Das neue Kreditorensystem ermöglicht eine leichte Beurteilung der Lieferanten vor Kreditoreneröffnung. Von 10 neuen Lieferanten wurden 5 nicht beurteilt. Die erbrachte Leistung dieser Lieferanten wurde jedoch als systemkritisch definiert und hat deshalb Einfluss auf das Kundenergebnis.

  Nächster Schritt: Anforderungen überprüfen und Kriterien für die Beurteilung sowie die Auswahl festlegen.

Vorteil der Variante 2: Konstruktiver und mit überzeugenden Fakten. Die genauen Angaben der Zahlen und die Auswirkung sind dem Leser bekannt.

Die positiven Formulierungen holen die Auditbeteiligten besser ab und tragen zu einer positiven Lernkultur, Qualitätskultur und Fehlerkultur bei. In der Praxis beobachten wir jedenfalls, dass damit gute Erfolge erzielt werden.

8.3.3 Verbindliche Maßnahmen

Bei internen Audits darfst Du ruhig notwendige Maßnahmen vorschlagen, aber nicht selbst alleine definieren und verabschieden. Vergiss nicht: Prozessverantwortliche sind in der Pflicht. Auch die Überprüfung der Maßnahmen sollten diese selbst vornehmen und Dir berichten. Nur so schaffen wir Qualitätsbewusstsein und Selbstverantwortung.

Gerade bei internen Audits und Lieferantenaudits ist es sehr wichtig, wenige, aber dafür verbindliche Maßnahmen zu definieren. Auch hier lohnt sich der risikobasierte Ansatz, der bereits bei Auditfeststellungen bzw. Abweichungen beginnt. Welche Abweichungen hältst Du fest, damit Du die Prozesseigner nicht überforderst? Hast Du diese priorisiert und die Auswirkung auf die Qualität berücksichtigt? Da sind die ersten Fragen, die Du Dir stellst, bevor Du die Vorgehensweise rund um Maßnahmen definierst.

Du kennst die Antwort auf die Frage, wer für Qualität verantwortlich ist. Um Prozessverantwortliche weiterhin in die Pflicht zu nehmen, muss der Prozesseigner für die Maßnahmendefinition zuständig sein, sofern er die Abweichung verstanden hat. Gehen wir also diese zwei Szenarien durch:

- **Szenario 1: Prozesseigner definieren Maßnahmen selbst**

  In diesem Szenario endet die Arbeit des Auditors damit, im Bericht festzuhalten, wer bis wann eine Grundursachenanalyse für die Abweichungen durchführt und Maßnahmen zur Korrektur oder Verhinderung der Abweichungen definiert.

  Vorteil: Prozessverantwortliche setzen sich intensiv mit ihren Prozessen auseinander. Sie wissen sowieso am besten, wie es läuft und wie sie Prioritäten setzen.

- **Szenario 2: Der Auditor definiert Maßnahmen und hält diese im Bericht fest**

  In diesem Szenario definierst Du als Auditor die Maßnahmen mit den Auditierten bzw. mit Prozesseignern. Der Bericht wird erst abgeschlossen, wenn alle Maßnahmen definiert sind.

  Nachteil: In diesem Szenario werden sich Prozesseigner nicht unbedingt verpflichtet sehen, Qualitätsziele zu erreichen. Die Maßnahmen werden sozusagen von außen übergestülpt von jemandem, der gar nicht in dem Prozess arbeitet, und stoßen daher mit hoher Wahrscheinlichkeit erst einmal auf Ablehnung.

> Du erinnerst Dich an Mayas Anforderungen mit einer langen Maßnahmenliste? Prozessverantwortliche fühlten sich nicht abgeholt, da Maya diese für sie definiert hat. Zu Beginn hatte sie Szenario 2 gewählt. Nun wird sie Szenario 1 mit den nächsten Audits testen, um Erkenntnisse darüber zu gewinnen, ob dadurch Maßnahmen in vereinbarter Frist umgesetzt werden.

8.4 Wirksamkeit überprüfen

Aus den zahlreichen Auditsequenzen in der Praxis, die wir mit einer externen Sicht begleiten, stellen wir fest, dass die meisten den Schritt „Wirksamkeit überprüfen" vernachlässigen. Die wenigsten Maßnahmen aus den Audits werden überhaupt umgesetzt. Es fehlen auch Erkenntnisse darüber, ob die Maßnahmen sinnvoll waren oder gewirkt haben. Der Kreis wird nicht geschlossen. Die wichtigsten Erkenntnisse fehlen zudem in der Management-Bewertung. Dabei ist es sehr wichtig, den *Plan-Do-Check-Act*-Zyklus im Kleinen und im Großen anzuwenden.

Hier meinen wir nicht nur die Wirksamkeit der Maßnahmen, sondern dass wir uns auch Zeit nehmen, um die Auditstrategie, den Prozess an sich und die persönliche Vorgehensweise nach jedem Audit zu überprüfen.

Schauen wir uns die Aspekte der Wirksamkeitsprüfung Punkt für Punkt an und wie Du diese als Auditorin/Auditor auch überprüfen kannst:

1. Werden Auditstrategie und Auditprozess wirksam umgesetzt? Review der Auditstrategie und des Auditprozesses aus Sicht der Auditorin/des Auditors.
2. Sind die Maßnahmen aus den Audits wirksam?
3. Was kann ich als Auditorin/Auditor verbessern? Deine persönliche Vorgehensweise und Weiterentwicklung.

8.4.1 Werden Auditstrategie und Auditprozess wirksam umgesetzt?

Die Auditprogrammverantwortliche wird wie bereits in Kapitel 5 erläutert, auch gemäß PDCA handeln und die Wirksamkeit überprüfen. Folgende Fragen sind zu beantworten:

- Kannst Du nach Deinem Audit sagen, wie es einem Prozess, oder falls bei Systemaudit, wie dem Unternehmen aktuell geht? Gibt es Handlungsbedarf oder kannst Du eine Vorgehensweise bestätigen?
- Gab es Erkenntnisse, die in die Auditstrategie einfließen, etwa weil sich der Kontext seit dem Auditauftrag geändert hat?
- Ergaben die Auditziele und Schwerpunkte Sinn?
- Hast Du mit der (neuen) Auditstrategie zum Unternehmenserfolg beigetragen? Sprich hast Du relevante Themen angesprochen? Z. B. Wissensmanagement, Trends in der Digitalisierung oder Technologie, Energiepreise?
- Wie war die Wahrnehmung der Beteiligten? Inhaltlich und methodisch?

- Wurde der Auditauftrag klar kommuniziert?
- Wann werden die Auditergebnisse als Nächstes thematisiert?

Die Auditstrategie und das Auditprogramm leben von Deiner Rückmeldung. Melde bitte stets Deine Erkenntnisse zurück an die Auditprogrammverantwortliche.

Sobald Du die Auditstrategie bzw. den Auditauftrag als gut empfunden hast, schaust Du Dir nun Deine Auditdurchführung gemäß Auditprozess und die Handhabung der benötigten Tools an:

- Wie war die Durchführung? Zeitlich, methodisch und inhaltlich? Was ist mit der Priorisierung von Themen? Wurden die richtigen Prozesse im relevanten Kontext überprüft?
- Wie waren die Ergebnisse von den einzelnen Audits? Sind diese brauchbar? Welche fließen in die Managementbewertung mit ein?
- Haben die Auditoren geleistet wie erwartet? Sind diese noch motiviert?
- Wie leicht war die Handhabung von Dokumenten?
- Waren die Ergebnisse von vorherigen Audits ersichtlich?

Wenn eine dieser Fragen mit einem Nein beantwortet wird, analysiere zuerst die Grundursachen: Was ist schiefgelaufen, woran liegt es genau und was kannst Du besser machen? Halte die Erkenntnisse fest und lasse diese in die Prozessbeschreibung einfließen.

Suche aber nicht die Schuldigen. Es ist immer so leicht, mit dem Finger auf andere zu zeigen. Bleib sachlich. Wenn es um persönliche Maßnahmen geht, fange bitte bei Dir an.

8.4.2 Sind die Maßnahmen aus den Audits wirksam?

Zugegeben, aus Sicht von Auditor/Auditorin ist es meist schwierig, die Wirksamkeit der Maßnahmen zu überprüfen. Vor allem wenn Du nicht gleichzeitig die auditverantwortliche Person bist. Dennoch sollte es Dich interessieren. Sei neugierig und frage nach bei der QM- bzw. der Auditverantwortlichen. Eine andere Möglichkeit ist es, einfach informell Infos einzuholen. Das geht leicht, wenn Du unkomplizierte Verbindungen zu den Auditierten hast.

Ein systematischer Weg, den Du auf jeden Fall gehen kannst, ist, immer bei nächsten Audits die Auditierten zu fragen:

- Wurden die Maßnahmen aus den vergangenen Audits umgesetzt?
- Wurde die Wirksamkeit (und durch wen) überprüft?
- Sind die Maßnahmen aus Sicht der Involvierten wirksam gewesen?

So sicherst Du Kontinuität und lenkst Maßnahmen so, dass sie Mehrwert liefern. Zudem holst Du dadurch die Involvierten ab. Sollten Maßnahmen nicht wirksam sein, suche nach der Grundursache. Mögliche Ursachen können beispielsweise sein:

- Maßnahmen wurden nicht kommuniziert.
- Es wurde keine Verantwortlichkeit für die Maßnahmen festgelegt.
- Maßnahmen waren zu viele, Ressourcen wurden nicht dafür zur Verfügung gestellt.
- Der Kontext hat sich geändert – Maßnahmen waren nicht mehr relevant.
- Es gab andere Prioritäten. Dringlichkeit und Wichtigkeit nicht erkannt (zu Recht oder zu Unrecht, ist zu klären).
- Maßnahmen dauern länger als geplant.

Deine Aufgabe ist es, diese Erkenntnisse kurz und knackig im Bericht festzuhalten oder direkt die Auditverantwortliche zu informieren. Solltest Du nicht in der Lage sein, die Wirksamkeit zu überprüfen, so gebe diese Info auch entsprechend weiter.

Quicktipp

Sorge dafür, dass Du nur Maßnahmen mit enormer Auswirkung auf die Qualität oder auf die Strategie bzw. Maßnahmen, die systematisch einen Einfluss auf das Managementsystem haben, festhältst. Priorisiere entsprechend. So hast Du gute Chancen, dass Auditierte diese ernst nehmen und umsetzen.

8.4.3 Was kann ich als Auditorin/Auditor verbessern?

Die wenigsten Auditoren fragen sich, was sie nach jedem Audit verbessern können. Meistens liegt es daran, dass sie zu wenig Zeit haben oder weil ihnen dieser Schritt nicht bewusst ist. Mit dem Konzept in diesem Buch hast Du nun die Möglichkeit, das besser zu machen. Hier geht es darum, dass Du wahrhaftig bei Dir selbst schaust, was Du persönlich besser machen kannst. Hier eine kurze Checkliste, die Dir dabei hilft:

- Habe ich die Auditprinzipien eingehalten?
- War mein Auftritt motivierend, konstruktiv und gewinnbringend?
- Habe ich für die Vorbereitung, Durchführung oder Nachbereitung zu lange gebraucht? Wenn ja, woran lag es?
- Gibt es Fähigkeiten, die ich mir dazu aneignen sollte? Halte ich meine Qualifikationen aufrecht?

- Kommuniziere ich klar? Habe ich Ergebnisse vor Ort kommuniziert, besonders dann, wenn die Beteiligten nicht direkt den Bericht von mir erhalten?
- Habe ich den Auditierten mit meinen Fragen und Erkenntnissen geholfen? Habe ich die Schmerzen und Herausforderungen angesprochen?
- Möchte ich wieder Audits durchführen? Bin ich überzeugt von dem, was ich tue?

Quicktipp

Besuche alle zwei Jahre Auffrischungskurse, damit Du auf dem neuesten Stand bleibst.

Zur Orientierung, worauf es ankommt, beachte bitte die Kompetenzen in Kapitel 10 sowie die Anforderungen Deines Unternehmens. Dass Du dieses Buch liest, zeigt, dass Du bereit bist, zu reflektieren und Dich zu verbessern. Weiter so und bleibe dran!

Wie geht es nun Maya nach dieser Phase? Für welche Vorgehensweise entscheidet sie sich?

Für die Berichterstellung hat sich Maya nun vorgenommen, mit einer Vorstellung von der Berichterstattung zu starten. Das bedeutet: Sie macht sich nur Notizen in der von ihr gut vorbereiteten Vorlage, sodass sie auch nicht vergisst, auf Best Practices und Schwerpunkte einzugehen. Sie kann sich vorstellen, was sie am Ende erreichen möchte.

Sie hat bereits Paul gefragt, was er von einem Bericht erwartet. Dieser antwortete: „Ich möchte sofort Handlungsbedarf erkennen."

Für die Herausforderung betreffend Maßnahmendefinition hat sie sich nun entschieden, Prozesseigner selbst Maßnahmen definieren zu lassen, um deren Verpflichtung und Identifikationen noch besser abzuholen. „Das bezweckt zum einen das Auseinandersetzen mit dem Verbesserungspotenzial oder der Abweichung und zum anderen die notwendige Akzeptanz der zu treffenden Maßnahmen." (Braun 2020, S. 11)

Das neue einzuführende Tool hat sie unter Berücksichtigung der neuen Auditstrategie zurückgestellt, damit sie zuerst die ersten Erkenntnisse gewinnt. So kann sie in Ruhe die Anforderungen für das Maßnahmenmodul nach der „Testphase" mit weiteren Auditoren und Prozesseignern festhalten.

8.5 Wichtigste Erkenntnisse

Es ist erleichternd zu wissen, dass die ISO 9001 sowie die meisten Normen nichts Konkretes vorgeben, was die Nachbereitung von Audits angeht. Du als kompetente und professionelle Person weißt, dass wir immer wieder dazulernen. Daher gehört eine zielorientierte Nachbereitung zu Deinem Auditprozess.

Visualisiere daher den gewünschten Zustand vor Beginn jeder Tätigkeit. In vielen Fällen kannst Du mit Checklisten einiges vorher vorbereiten. Eine zusätzliche Schlaufe, um vollständige Informationen zu erhalten, ist gerade bei internen Audits sehr einfach und jederzeit nachholbar.

Stelle sicher, dass der Auditprozess in jedem Schritt Deine Unternehmensziele unterstützt. Dazu helfen Dir Reviews. Somit musst Du nicht perfekt starten.

Gewöhne Dir an, die Wirksamkeit des Prozesses und der Maßnahmen anhand des PDCA-Zyklus sowie Deiner persönlichen Auditmethodik konsequent zu überprüfen. Dieser Schritt ist der Schlüssel zu erfolgreichen und akzeptierten Audits.

Stelle dabei sicher, dass die Handhabung der Ergebnisse und Dokumente sowie die Umsetzung der Anforderungen aus dem Auditprozess so einfach wie möglich sind.

Nehme die Geschäftsleitung und Prozessverantwortliche in die Pflicht. Achte auf verständliche und positive Formulierungen und auf die Sprache Deiner Stakeholder.

Die Selbstreflexion ist ein mächtiges Werkzeug für Dich. Das Ziel soll sein, beim nächsten Mal eine bessere Auditorin/ein besserer Auditor zu sein.

8.6 Wichtigste Dokumente

- Auditbericht mit Verweis auf eingesehene Dokumente vor Ort
- Ausgefüllte Checkliste, die auch als Auditbericht gelten darf
- Maßnahmen aus den Audits mit der nötigen Frist, die idealerweise im System gepflegt sind
- Gegebenenfalls angepasste Prozessbeschreibung durch die Auditverantwortliche, basierend auf Deiner Rückmeldung
- Deine persönlichen Notizen über das, was Du nächstes Mal besser machen möchtest

■ 8.7 Reflexionsfragen

Mit diesem Kapitel weißt Du nun, wie Du mit „the end in mind" beginnst bzw. Deine Audits zielorientiert nachbereitest, damit Deine Nachweise Mehrwert bringen. Bevor wir die relevante Kompetenz für einen gelungenen Auditprozess anschauen, beantworte bitte folgende Fragen:

1. Worin bist Du stark zu den Themen Auswertung und Berichterstattung?
2. Welche Verbesserungspunkte in der Nachbereitungsphase hast Du bei Dir im Unternehmen entdeckt?
3. Wie wirksam schätzt Du Deine geführten Audits sowie die daraus folgenden Maßnahmen für Dein Unternehmen ein?

9 Review

Keine Projekte ohne Reviews. Keine Meilensteine ohne bewusste Reviewtermine. Diese Devise solltest Du Dir merken, auch in Zusammenhang mit Audits. Nun befinden wir uns am Ende des ersten Zyklus im Auditprozess (Bild 9.1).

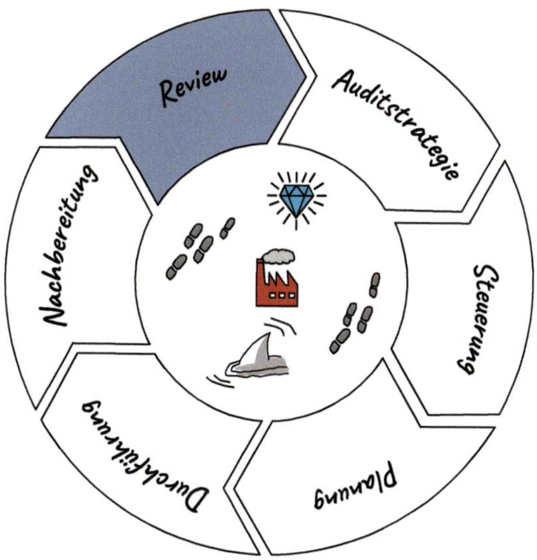

Bild 9.1
Phase 6 des Auditprozesses: Review

Viele tun sich schwer, wenn es darum geht, Qualitätsmanagement entlang der Wertschöpfungskette sinnvoll einzuführen und zu leben. Die Ursachen, warum die meisten Qualitätsaudits nicht wirken, sind vielfältig. Es ist so leicht anderen Personen, z. B. den externen Auditoren oder internen Personen die Schuld dafür zu geben. In meinem LinkedIn-Learning-Kurs betone ich, dass es die Aufgabe von Führungskräften, QM- oder Prozess-Verantwortlichen ist, die Sinnhaftigkeit des QMs, in diesem Fall von Audits, zu vermitteln (Omondi 2021).

Wenn Du den Auditprozess und deren Nutzen nicht verstehst und hinterfragst, wirst Du auch kaum jemanden dafür gewinnen. Die Kernidee von Reviews ist es, etwas oder Prozesse zu hinterfragen, um immer besser zu werden.

Es ist verständlich, dass wir teilweise Aktivitäten aus Druck beginnen, ohne den Sinn wirklich zu verstehen. Daher lautet unsere Devise: klein beginnen. Wichtig ist, dass Du nicht aufhörst zu hinterfragen mit der Absicht, Audits für die Zielerreichung Deines Unternehmens zu nutzen. Es ist wichtig, dass Du nicht aufhörst, die Relevanz von Audits für Dein Unternehmen auszuarbeiten.

Hier kommen Reviews ins Spiel. Bewusste Reviews helfen uns, den Auditprozess sukzessiv anzupassen und die Rückmeldungen (offizielle oder inoffizielle) von Stakeholdern einzubinden, sodass Du nicht perfekt starten musst. Reviews helfen Dir zu experimentieren und schnelle Erkenntnisse zu gewinnen. Es folgt nach Reviews eine Zusammenfassung von Lessons Learned: Entweder bestätigst Du einen Prozess und erklärst den Prozess zum Standard oder es gibt etwas, was Du verbessern möchtest. Mit Reviews stellst Du auch immer wieder die Sinnfrage.

Ich erinnere mich noch genau, als ich ein globales Auditkonzept in einem globalen Unternehmen ausrollte. Dabei war es nötig, zu den verschiedensten Ländern Europas zu reisen, um die Personen vor Ort zu verstehen und zu schulen, damit sie in das globale Managementsystem integriert sind. Nach meiner hartnäckigen Erklärung, warum es aus globaler Sicht Sinn macht, diesen Standort ins System zu integrieren, sagt die verantwortliche Person: „Dann lass uns das schnell machen, Hauptsache erledigt."

Genau das passiert in den meisten Unternehmen: Die Einstellung „Hauptsache erledigt" verhindert die Akzeptanz, da konstruktive Diskussionen fehlen, bis das Verständnis da ist.

Mit Reviews fangen wir solche Bedenken ab und sorgen für das gleiche Verständnis, Schritt für Schritt. So kannst Du auch solche Bedenken für die nächsten Reviews sammeln oder um außerplanmäßige Reviews – je nach Kontext – alleine oder im Team durchzuführen und die Auditstrategie oder einen Prozessschritt anzupassen.

In Abschnitt 5.3 haben wir uns das Auditprogramm nach PDCA-Modell angeschaut. Unter anderem haben wir die drei Ebenen angesprochen, die hier zwingend sind, um die Wirksamkeit eines Programms zu überprüfen. Deshalb ist dieses Kapitel nur als Zusammenfassung gedacht und daher sehr kurzgehalten. Zur Erinnerung, diese sind:

1. Ebene Prozess und Auditstrategie – und damit das Auditprogramm. Ist das zielführend und wirksam? Sind die eingesetzten Auditoren kompetent?
2. Ebene Auditergebnisse und daraus folgende Maßnahmen: Werden die Maßnahmen aus den Audits auf ihre Wirksamkeit überprüft? Sind diese umgesetzt, und wenn ja, bringen sie die erwünschte Wirkung?
3. Ebene involvierte Personen: Jede beteiligte Person darf seine Vorgehensweise auch hinterfragen, um sich zu verbessern. Dies beinhaltet auch Schulungen, um sich selbst weiterzuentwickeln (siehe auch Abschnitt 8.4.3).

Unser neuer verbesserter Auditprozess in sechs Phasen ist bewusst als Kreis dargestellt, wobei Du nach jeder Phase eine Überprüfung der Wirksamkeit im Sinne von PDCA oder Review machen solltest.

Reviews helfen dir, den Kurs rechtzeitig zu korrigieren, sollte sich der Kontext ändern. Der risikobasierte Ansatz erfordert Flexibilität. Wenn es eine Baustelle auf der Autobahn gibt, bringt es auch nichts, auf der Straße zu bestehen. Dein Navigationssystem wird Dich umleiten. Wenn Dein Ziel nicht mehr Zürich, sondern Bern ist, änderst Du auch Deine Richtung, falls Dein Startpunkt Olten ist.

So ist es auch mit Audits. Wenn die strategische Ausrichtung sich ändert, passt Du Deine Auditstrategie an. Wenn der Weg blockiert ist, suchst Du einen anderen Weg. Dafür benötigst Du geplante und außerplanmäßige Reviews. Wenn die involvierten Personen Bedenken haben, hörst Du zu und gehst diesen nach.

Spätestens nach einem Jahr empfehlen wir Dir, erneut mit der Geschäftsleitung und mit den eingesetzten Auditoren den ganzen Prozess zu reviewen, um Erkenntnisse bewusst einzuarbeiten und um eure Auditstrategie zu verbessern.

Hier musst Du nichts Neues erfinden, sondern Du kannst die verfügbaren Instrumente und Termine verwenden, um voranzukommen. Die besprochenen Inhalte beinhalten den Prozess, Auditergebnisse sowie die definierten Maßnahmen und ihre Wirksamkeit. Tabelle 9.1 zeigt die Instrumente, die Du dafür verwenden kannst.

Tabelle 9.1 Instrumente für Review

Instrument	Inhalt	Wie oft
Management-Bewertung	Hier sprecht ihr nicht nur die Auditergebnisse an, sondern auch, ob die Strategie noch passt, falls sich der Kontext geändert hat. Hier merkt ihr auch schon, ob die festgelegten Schwerpunkte gut waren.	Mindestens einmal im Jahr, im Rahmen der Management-Bewertung
Prozessreviews	Hier reviewst Du selbstständig Deinen Auditprozess als Prozesseigner ganz bewusst und hältst fest, was Du systematisch ändern möchtest. Denke dabei an die Maßnahmen und deren Wirksamkeit.	Mindestens einmal im Jahr als Input für die Management-Bewertung
Erfahrungsaustausch von Auditoren	Auditprozess und die Tools, persönliche Erfahrungen und Fragen	Alle zwei Jahren oder nach Bedarf. Bitte beachte, dass Du diesen Erfahrungsaustausch als Schulung gelten lassen kannst.

Tabelle 9.1 Instrumente für Review *(Fortsetzung)*

Instrument	Inhalt	Wie oft
Weitere Meetings in den Bereichen und im Management: Auditergebnisse sind immer ein Agendapunkt.	Offene Auditergebnisse und deren Maßnahmen. Damit nimmst Du Prozesseigner in die Pflicht.	So oft wie die Meetings stattfinden
Zielgerichtete Umfrage	Fragenstellung mit dem Ziel, etwas aus Sicht von Beteiligten zu verstehen und zu verbessern, z. B. Auditierte und Auditoren befragen, um Input zu erhalten, damit Du die Auditstrategie überarbeitest.	
Außerplanmäßige Reviews und Gespräche	Sollten diese signifikant sein, dann suche einen Termin mit Geschäftsleitung oder weitere Personen, um Deine Strategie zu ändern.	Gleich nach dem Auslöser

Maya und Paul haben verstanden, warum es sinnvoll ist, Reviewtermine zu planen und den Auditprozess zu hinterfragen.

Maya hat sich vorgenommen, „sichtbar" zu sein. So wird sie das Intranet nutzen, um über Audits zu berichten, was eine Möglichkeit zur Review bietet. Zudem nutzt sie jede Planungsperiode für eine Überprüfung und sie lädt alle Auditoren zu einem Austausch ein.

An diesem Tag gehen sie und Paul auch gemeinsam essen. Paul unterstützt dieses Vorhaben und hat sich vorgenommen, auch kurz zu Beginn des Meetings vorbeizukommen.

Sobald sie aussagekräftige Erkenntnisse aus der ersten Auditstrategie hat, wird sie auch vorschlagen, dass Auditergebnisse in ihrer Abwesenheit von den Prozesseignern in den Sitzungen thematisiert werden. Noch ist es für sie zu früh.

Es wäre schade, weiter in die falsche Richtung zu rudern, wenn der Kurs sich geändert hat. Gewöhne Dir an, den PDCA-Ansatz im Alltag zu verwenden. Dann fallen Dir Reviews leicht ein. Fragen an Dich:

1. Wie oft finden Reviews (unabhängig von Audits) bei euch statt?
2. Sind Reviews Teil eurer Unternehmenskultur?

10 Relevante Kompetenzen von Auditoren

Welche Kompetenzen sind für interne und Lieferantenauditoren relevant? Zum Zeitpunkt der Entwicklung dieses Buches gibt es noch keinen offiziellen Studienabschluss für Managementsystemauditoren. Mitglieder der European Organization of Quality (EOQ) wie die DGQ in Deutschland oder die SAQ in der Schweiz zertifizieren Auditoren (siehe *www.eoq.org*). Die Zertifizierung ist alle drei Jahre zu erneuern. Es gibt keine Anforderungen, dass interne oder Lieferantenauditoren solchen intensiven Schulungen und Qualifizierungen nachgehen müssen. Und sie sind für das interne Audit auch nicht nötig.

Jedoch sind Schulungen zum Qualitäts- und Prozessmanagement und für interne Audits sehr relevant, um die benötigten Kompetenzen zu erwerben.

Aus diesem Grund sprechen wir zunächst von Kompetenzen und nicht von Qualifikationen. Du kannst, um diese benötigten Kompetenzen intern zu sichern, ein Qualifizierungsprogramm erstellen.

Was sind überhaupt Kompetenzen? Für dieses Buch verwenden wir die Definition aus der Norm ISO 9000:2015. Diese Norm stellt die grundlegenden Konzepte, Grundsätze und Begriffe für Qualitätsmanagementsysteme (QMS) bereit und dient als Grundlage für andere QMS-Normen.

Kompetenz

[...]

Fähigkeit, Wissen und Fertigkeiten anzuwenden, um beabsichtigte Ergebnisse zu erzielen.

Anmerkung 1 zum Begriff: Dargelegte Kompetenz wird manchmal als Qualifikation bezeichnet.

[...]

(ISO 9000, 3.10.4)

Somit sind Auditorenkompetenzen jene Fähigkeiten, Wissen und Fertigkeiten, die Du benötigst, um Deine Organisation sinnvoll zu auditieren und Auditziele zu erreichen.

Schauen wir, wie es Maya und ihrem Team aktuell geht.

Mit der Entscheidung, das Auditkonzept gewinnbringend zu erstellen, stellte Maya fest, dass es auch an einer internen Regelung fehlt, wie sie Auditoren, die sie in Zukunft unterstützt, auswählt und weiterentwickelt. Zudem möchte ihr Unternehmen verstärkt ihre Lieferanten einbeziehen, sodass auch Lieferantenauditoren Qualifikationen benötigen.

Für die neue Auditstrategie hat sie bereits Karin und Luka identifiziert. Sie fragt sich, über welche Qualifikationen diese bereits verfügen und was noch fehlt, um als selbständige Fachauditoren eingesetzt werden zu können.

Maya ist zur internen Auditorin geworden, da sie die Managementsystemverantwortliche ist. Sie erinnert sich noch daran, dass sie Kurse besuchte, die das systematische Auditieren ansprechen, jedoch liefert ihr dieses Wissen aktuell keine Lösung für ihren Kontext. Sie stellt fest, dass ihr gerade die Kenntnisse über die Zusammenhänge von Aktivitäten in ihrem Unternehmen fehlen, um die strategischen Ziele von Paul zu unterstützen.

Zudem weiß sie, dass Selbst- und Führungskompetenzen immer wichtiger werden. Denn was nutzen top Fachkompetenzen, wenn Auditoren nicht Menschen für Verbesserungen begeistern können?

Vielen Auditoren geht es wie Maya. Diese Fertigkeit haben sie sich nach bestem Wissen und Gewissen angeeignet und verwenden sie auch nach bestem Wissen und Gewissen. Und häufig kommt diese Kompetenz auch nicht zum Einsatz. Aufgrund des Tagesgeschäfts bleiben Ideen nur Ideen. Veränderungen sind auch nicht einfach anzusprechen, da sie in den seltensten Fällen auf Gegenliebe stoßen. Die meisten Qualitätsmanagerinnen sind Einzelgänger. Ihnen fehlen Verbündete und die notwendige Akzeptanz in den Unternehmen, um ihre Gedanken in die Tat umzusetzen. Falls es Dir auch so geht, Du bist nicht allein.

Die ISO 9001 legt Anforderungen für Kompetenzen fest, die auch für Auditoren gelten.

7.2 Kompetenz

Die Organisation muss:

a) für Personen, die unter ihrer Aufsicht Tätigkeiten verrichten, welche die Leistung und Wirksamkeit des Qualitätsmanagementsystems beeinflussen, die erforderliche Kompetenz bestimmen;
b) sicherstellen, dass diese Personen auf Grundlage angemessener Ausbildung, Schulung oder Erfahrung kompetent sind;
c) wo zutreffend, Maßnahmen einleiten, um die benötigte Kompetenz zu erwerben, und die Wirksamkeit der getroffenen Maßnahmen zu bewerten;

> d) angemessen dokumentierte Informationen als Nachweis der Kompetenz aufbewahren.
>
> Anmerkung: Geeignete Maßnahmen können zum Beispiel sein: Schulung, Mentoring oder Versetzung von gegenwärtig angestellten Personen oder Anstellung oder Beauftragung kompetenter Personen.
>
> (ISO 9001)

Stell Dir vor, Du hast gerade eine tolle Schulung zum internen Auditor und zum Lieferantenauditor absolviert. Du kommst motiviert zurück und bist sicher, dass Du das Meiste umsetzen wirst. Zudem hast Du vielleicht vorher dieses Buch gelesen und kannst super in Audits einsteigen, diese durchführen und abschließen. So weit, so gut.

Nun hast Du gemäß der neuen Auditstrategie ein Auditprogramm für die nächsten drei Jahre erstellt, wolltest dieses gerade Deiner Chefin zur Genehmigung vorlegen, nur um herauszufinden, dass sich der Kontext folgendermaßen geändert hat:

- Ein Bereich von euch, nämlich die Produktion von Werkzeugen für den eigenen Gebrauch, wird ab nächstem Jahr ausgelagert.
- Deinem Kollegen, der Dir bei Audits hilft, wurde gekündigt.
- Deine Chefin spricht gerade mit Kunden, inwieweit die **ISO 13485** für Medizinprodukte, eine spezifische Branchennorm, zusätzlich für euch erforderlich ist.

Was machst Du nun mit diesen Informationen? Ziehst Du es durch wie geplant, obwohl Du das Gefühl hast, das geplante ISO-9001-Audit durch die Zertifizierungsgesellschaft ist in Gefahr?

Du denkst gerade an die Schulungen, die Du besucht hast. Hier ging es ausschließlich um Best-Case-Szenarien. Das Einzige, was ihr durchgenommen habt, war der Umgang mit schwierigen Menschen – etwas, was Dich gerade nicht weiterbringt.

An dieser Stelle schon mal: nicht verzweifeln. Nicht umsonst hat die ISO 9001 den Kontext der Organisation stark gewichtet. Schauen wir uns nun die Folgen der drei Fälle an:

- **Fall 1: Der Bereich Produktion von Werkzeugen wird ausgelagert.**

  Das bedeutet: Anwendungsbereich des Managementsystems, Prozesslandschaft und Auditprogramm ändern sich. Doch zunächst ist es Deine Aufgabe, weitere Informationen zu holen. Fragen können sein:

  - Ab wann wird die Entscheidung der Verlagerung wirksam? Wurden die Lieferanten bereits ausgewählt?
  - Welche qualitätsrelevanten Auswirkungen sind zu erwarten?
  - Welche Personen und Lieferanten sind dabei betroffen?
  - Wurden sie bereits informiert?

    - Wie kannst Du Audits verwenden, um den Auslagerungsprozess sauber zu unterstützen?

- **Fall 2: Dein Auditor-Kollege geht demnächst.**

  Das bedeutet: Du hast einen Auditor weniger, Ressourcen und Auditprogramm sind zu hinterfragen, Du benötigst vielleicht einen Ersatzauditor. Auch hier darfst Du konkrete Fragen stellen und auch ein Gespräch mit Deinem Kollegen suchen (falls er schon davon weiß), um von seinem Wissen zu profitieren. Vielleicht kann er sogar die nächste Person im Bereich Audits einarbeiten. Hilfreiche Fragestellungen können sein:

    - Wann geht er genau?
    - Wie kann er Dich vorher noch unterstützen, um das nächste Zertifizierungsaudit nicht zu gefährden, und um das Wissen zu sichern?
    - Welche Kompetenzen schätzt Du sehr an ihm?
    - Wie kannst Du diese gezielt ersetzen?
    - Wie kannst Du risikobasiert planen?

- **Fall 3: zum Thema Branchenstandards, also die ISO 13485 zusätzlich zur ISO 9001**

  Das bedeutet: Anwendungsbereich, Managementsystem, Prozesse sowie die Verantwortlichen ändern sich. Das könnte auch mehr Aufgaben für Dich bedeuten, also heißt es: Ressourcen ansprechen, wenn Du Fakten gesammelt hast.

  Folgende Fragen kannst Du Dir und Deiner Chefin stellen:

    - Ab wann wird das wirksam?
    - Welche Kunden und Bereiche sind betroffen?
    - Kann Deine Firma nach der Einführung der ISO 13485 auf die ISO 9001 verzichten?

Erfolgreiche Auditoren und Qualitätsmanager geben ihrem Tun einen Sinn und stellen Fragen, um Klarheit zu schaffen. Bitte nicht weiterplanen wie bisher. Nicht umsonst hat die aktuelle Version der ISO 19011 die Grundsätze von Audits um einen risikobasierten Ansatz ergänzt.

An dieser Stelle helfen Dir als Auditor/Auditorin oder als Managementsystemverantwortliche methodische und soziale Kompetenzen. Wir gehen auch im nächsten Abschnitt darauf ein. Du erfährst die Kompetenzen, die Du benötigst, und wie Du intern Deine Kolleginnen für interne Audits und Lieferantenaudits aufbauen und deren Kompetenzen aufrechterhalten kannst.

Falls Du die ISO 19011 zur Hand hast, schaue Dir den Leitfaden zum Kapitel 7, „Kompetenz und Beurteilung von Auditoren“, an. Bitte beachte, dass dieser keine Anforderungen sind, sondern nur als Guideline zu verstehen ist. Eine penible Erfüllung davon wäre über das Ziel hinausgeschossen.

Quicktipp

Damit Auditoren akzeptiert werden, müssen sie über die notwendige Kompetenz verfügen. Für den Erwerb dieser Kompetenzen sind interne oder externe Schulungen unabdingbar.

10.1 Welche Kompetenzen sind relevant?

Welche Kompetenzen brauchst Du, um Audits wirksam einzusetzen? Die aktuelle Version der ISO 19011 gibt Dir einen Überblick über relevante Kompetenzen für Auditoren (siehe Kapitel 7). Diese sind unterteilt in persönliches Verhalten sowie Wissen und Fertigkeiten, über die Auditoren verfügen sollen.

Um Trends und die technologischen Fortschritte mit zu berücksichtigen, unterteilen wir diese Kompetenten in fünf Bereiche: persönliche, fachliche, soziale, systembezogene und methodische sowie organisationsbezogene Kompetenzen. Bild 10.1 gibt Dir einen Überblick über die notwendigen Auditorenkompetenzen.

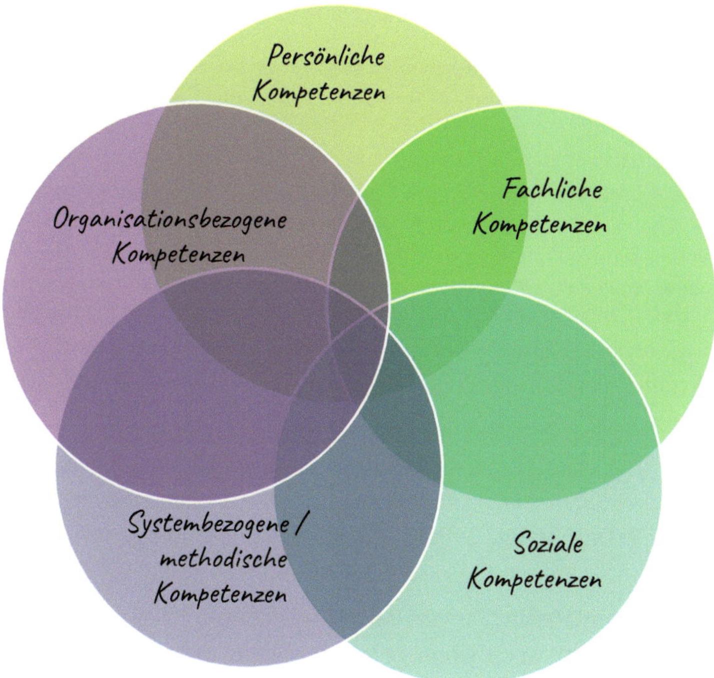

Bild 10.1 Übersicht Auditorenkompetenzen

Achte bitte darauf, dass das Führungsteam euch unterstützt. Eine Auditprogrammverantwortliche ist in der Lage, der Geschäftsleitung eine Entscheidungsgrundlage zu präsentieren. Betone den Nutzen Deines Ansatzes und zeige auf, was Du dafür benötigst und wie die Geschäftsleitung Dich unterstützen kann. Überzeuge mit einer klaren Zielvorstellung.

Ab heute gibt es keine Ausreden mehr wie „Wenn meine Chefin mich unterstützen würde …". Hole sie ab. Sie weiß einfach noch nicht, wie cool Dein Ansatz ist.

10.1.1 Persönliche Kompetenzen

Das Beste, was Du als Auditor/Auditorin tun kannst, ist, neugierig und proaktiv zu sein.

Zu den persönlichen Kompetenzen zählen primär, dass Du in der Lage bist, Dich selbst weiterzubilden (zumindest zu veranlassen) und die Auditprinzipien zu verinnerlichen. Diese sind in der ISO 19011:2018 in Kapitel 4 definiert und erklärt. Daher gehen wir hier nicht auf die Details ein. Beachte einfach, dass Deine persönlichen Kompetenzen darauf basieren sollten. Warum diese notwendig sind, erklärt die ISO 19011:2018 in Kapitel 4:

> **4 Auditprinzipien**
>
> Das Auditieren stützt sich auf eine Reihe von Prinzipien. Diese Prinzipien sollten dazu dienen, das Audit zu einem wirksamen und zuverlässigen Werkzeug zur Unterstützung von Managementpolitiken und -steuerungen zu machen, indem Informationen bereitgestellt werden, auf deren Grundlage eine Organisation handeln kann, um ihre Leistung zu verbessern. Die Einhaltung dieser Prinzipien ist eine Voraussetzung, um Auditschlussfolgerungen zu liefern, die relevant und ausreichend sind, und um unabhängig voneinander arbeitende Auditoren zu befähigen, zu ähnlichen Schlussfolgerungen unter ähnlichen Umständen zu gelangen.
>
> […]
>
> (ISO 19011)

Die sieben Prinzipien sind:

1. Integrität: Du bist zu jeder Zeit professionell.
2. Sachliche Darstellung: Du hast die Pflicht, wahrheitsgemäß und genau zu berichten.
3. Angemessene berufliche Sorgfalt: Du verstehst die Bedeutung Deiner Aufgabe und übst berufliche Sorgfalt, auch wenn keiner zuschaut. Dein Urteilsvermögen reflektiert Deine Sorgfalt.
4. Vertraulichkeit: Du bist umsichtig, und Umgang mit vertraulichen Informationen ist für Dich eine Selbstverständlichkeit.

5. Unabhängigkeit: Du stellst sicher, dass Du stets unabhängig, unparteilich und unvoreingenommen bist.
6. Faktengestützter Ansatz: Deine Aussagen und die Nachweise sind jederzeit verifizierbar. Du handelst rational.
7. Risikobasierter Ansatz: Du berücksichtigst in jeder Phase der Planung, Durchführung und Nachbereiten die Chancen und Risiken und handelst entsprechend.

Zusätzlich zu den sieben Auditprinzipien gibt es viele persönliche Eigenschaften, die für jeden Beruf entscheidend sind. Aus unseren jahrzehntelangen Erfahrungen können wir mit gutem Gewissen sagen, dass die drei wichtigsten persönlichen Verhaltensweisen für erfolgreiche Auditoren wie folgt sind:

- **Neugier:**

  Neugierige Menschen lernen immer wieder dazu. Dabei verlieren sie nie das Ziel aus den Augen. Sie finden dadurch heraus, was erforderlich ist, um die Auditziele zu erreichen.

- **Proaktivität:**

  Proaktive Menschen reagieren nicht nur, wie der Name schon sagt. Sie denken in Lösungen und machen den ersten Schritt, um Audits gewinnbringend einzusetzen.

  Dazu gehört die proaktive Erlangung der erforderlichen Kompetenzen. Dann bist Du als Auditor auch in der Lage zu identifizieren, wenn Auditprinzipien verletzt werden, und zu beurteilen, welche Kompetenzen Du noch benötigst.

  Proaktive Menschen haben Mut zur Lücke, denn sie lernen durch Experimentieren.

- **Selbstreflexion:**

  Keiner ist perfekt, und keiner muss perfekt starten. Deshalb ist die Fähigkeit zum Reflektieren enorm wichtig. Auch deshalb, weil der Kontext zum Audit sich immer wieder ändert.

  Mit Selbstreflexion bleibst Du selbst relevant und kannst bei Veränderungen bewusst reagieren.

10.1.2 Fachliche Kompetenzen

Fachliche Kompetenzen hast Du Dir in der Regel im Studium oder während der Aus- oder Weiterbildung angeeignet. Diese brauchst Du, um Deine Tätigkeit glaubhaft und professionell auszuführen. Du löst damit Probleme in der Wirtschaft und wirst dafür bezahlt.

Auditoren bringen vielfältige fachliche Kompetenzen mit. Beispiele sind in den Bereichen Materialanalyse, Betriebswirtschaft, Ingenieurwesen, Konstruktion, Logistik, Verwaltung, IT und weitere mehr. Es gibt immer ein Fach, worin jemand hervorragend ist und gleichzeitig für die eigene Tätigkeit relevant ist. Die Frage ist, wie Du diese für den Kontext Deiner Organisation verwenden kannst.

Es ist aber nicht die Absicht, dass Du in allen Kernkompetenzen Deines Unternehmens oder im Umfeld Deiner Lieferanten ein Experte bist. Das schafft auch keiner. Wichtig ist es, sich zu überlegen, welche Fertigkeiten Du anwenden kannst, um Deine Organisation oder die Organisation Deiner Lieferanten voran zu bringen und wie Du damit Dein Auditteam ergänzt.

Eine Person, die Chemie studiert hat, hilft Deiner Organisation, wenn es darum geht, die richtigen Chemikalien einzukaufen, einzusetzen und zu ersetzen, diese zu lagern, sowie allgemein in Zusammenhang mit Arbeitssicherheit und Gesundheitsschutz zu bringen. Eine Person mit BWL-Kenntnissen hilft euch, die Wirtschaftlichkeit und die Zusammenhänge im Unternehmen wieder zu prüfen. Vor allem bei Lieferantenaudits ist branchenbezogenes sowie branchenübergreifendes Wissen nötig.

Es gibt immer auch die Möglichkeit, Fachexperten hinzuzuziehen, wenn es um spezielles Wissen geht, und es sich nicht lohnt, dieses Wissen in Deiner Organisation aufrechtzuerhalten. Diese Fachpersonen unterstützen durch ihr Fachwissen, das Know-how für Audits bringst Du mit. Nachstehend einige Beispiele von speziellem und im Regelfall relevantem Wissen:

- Gefährdungsanalyse und Risikobeurteilung in Zusammenhang mit Umwelt und Arbeitssicherheit
- Prüf- und Messmittelüberwachung und Kalibrierung
- Spezielle Normen und Gesetze wie z. B. betreffend Datenschutz

Es lohnt sich hier, sich vor dem Audit über das Fachthema zu informieren, damit Du auf Augenhöhe im Audit sprechen und die richtigen Fragen stellen kannst. Auditsequenzen sind zeitlich limitiert. Dementsprechend schlagen wir Dir vor, Deine fachbezogenen Fragen zu priorisieren, unter Berücksichtigung der Auditziele und des Kontexts.

Gehe immer davon aus, dass die Auditierten mehr wissen als du. Du allerdings kennst die neuesten fachlichen Trends und die Zusammenhänge sowie die Wechselwirkungen zwischen den anderen Bereichen und Prozessen, um Deine Organisation sowie um Deine Lieferanten mit Audits voranzubringen.

In unseren Schulungen erleben wir viele Auditoren, die unsicher sind, mit der Begründung: Sie seien nicht vom Fach. Diese Angst ist nicht gerechtfertigt. Wenn Du alles, was wir bisher erläutert haben, verinnerlicht hast, wirst Du feststellen, dass Du in den Auditsequenzen kein Fachexperte sein musst, es sei denn, Du wurdest als Fachperson hineingezogen. Nimm Dir diesen Druck weg. Wichtig ist, dass Du

Dich genug vorab informierst und für diesen spezifischen Zweck die nötige Kompetenz mitbringst, sodass die Auditgespräche gewinnbringend sind.

10.1.3 Soziale Kompetenzen

Du kannst davon ausgehen, dass alle sozialen Kompetenzen, die Du nach einer Recherche im Internet findest, auch bei Audits sehr hilfreich sind. Alle aufzulisten, wären deshalb nicht zielführend. Wie der Name schon sagt, handelt es sich bei sozialen Kompetenzen um Fähigkeiten, die nötig sind, um das Miteinander mehrwert-orientiert zu gestalten und um als Team erfolgreich zu sein.

Aus unserer Sicht gibt es drei wesentliche Kompetenzen, die dann je nach Kontext Raum für andere lassen. Du kommst als Auditorin/Auditor besser zum Ziel, wenn Du empathisch, konstruktiv bist und wenn Du Involvierte führen kannst.

Was meinen wir damit? Wir schauen uns eins nach dem anderen an:

- **Empathie:**

  Hast Du schon mal von den 4 Ms gehört? Man muss Menschen mögen.

  Für alle auditrelevanten Themen und Änderungen musst Du Beziehungen pflegen, um Informationen zu gewinnen: sowohl für das Konzept als auch, um aus den Audits aussagekräftige Feststellungen zu gewinnen. Ob Du gerne mit Menschen zusammenarbeitest und ihnen gerne zuhörst, entscheidest Du bitte für Dich.

  Hier ist nicht gemeint, dass Du besonders nett bist oder dass Du unfähig bist, Dich durchzusetzen, denn das bringt Dich nicht voran. Es geht um die Fähigkeit, sich in andere hineinversetzen zu können. Ein Begriff, der in den letzten Jahren dafür stark verwendet wurde, ist Empathie.

  Was ist Empathie? Nehmen wir diese Definition von Wikipedia (Auszug vom 18.07.2022):

> „Empathie bezeichnet die Fähigkeit und Bereitschaft, Empfindungen, Emotionen, Gedanken, Motive und Persönlichkeitsmerkmale einer anderen Person zu erkennen, zu verstehen und nachzuempfinden.“

Schaffst Du das, hast Du mehr Verbündete im Unternehmen oder in den Organisationen, in denen Du Dich bewegst, sodass Deine Auditziele schnell erreicht werden können.

- **Konstruktiv:**

  Erfolgreiche Auditoren sind nicht problemorientiert, sondern lösungsorientiert. Sie sprechen mit Auditierten nicht schlecht über andere Personen. Sie führen das Gespräch konstruktiv, sodass alle Beteiligten etwas davon haben und selbst motiviert sind, Verbesserungspotenziale selbst auch nach den Audits zu entdecken. Sie schaffen eine konstruktive Atmosphäre, um die Information zu bekommen, die sie brauchen.

Weiterhin hilft Dir Dein persönliches Verhalten (siehe persönliche Kompetenzen) dazu, dass Du Verantwortung für Dich selbst und für die anderen übernimmst. Du gehst auf die Menschen ein, bleibst jedoch sachlich und platzierst Schmerzpunkte richtig, um voranzukommen.

Du formulierst auch Deine Feststellungen konstruktiv, damit Verbesserungen erzielt werden.

- **Führung:**

  Hier ist nicht gemeint, dass Du die klassische Vorgesetztenfunktion ausüben musst. Jeder Mensch führt sich selbst und unbewusst auch andere. Du als Auditor/Auditorin hast ein hohes Maß an Selbstführung, und dadurch führst Du auch andere. Also mache es Dir bewusst. Andere schauen auf Dich. Die Ergebnisse bzw. das Engagement der Involvierten sowie die Akzeptanz von Audits hängen von Dir ab. Unterschätze das nicht.

  Du bist begeistert von dem, was Du tust, und steckst andere damit an, als Vorbildfunktion. Du steigst so ein, dass Du den Beteiligten die Angst nimmst, sodass sie offen und diskussionsfreudig sind.

  Ferner führst Du das Team zum Ziel. Zur Führung gehört es, ein Team zu begeistern für ein gemeinsames Ziel, Konflikte konstruktiv zu lösen, Überzeugungskraft und Durchsetzungskraft auszuüben. Auch wenn Du die meiste Zeit zuhörst, so bist Du Herr oder Herrin einer Auditsequenz und schaust, dass Du Deine Fragen überwachst und dass Du das Team so führst, dass am Ende die Auditsequenzen für jeden Beteiligten gewinnbringend sind. Selbst wenn Du alleine Audits durchführst und kein Auditteam hast, so führst Du die Beteiligten zum Ziel. Diese Aufgabe ist nicht zu unterschätzen. *Für die Kompetenz eines Teamleiters gibt uns die ISO 19011:2018 in Kapitel 7.2.3.4 umfassende Anhaltspunkte.*

  Denke daran: Jede Auditsequenz besteht aus Menschen, aus einem Team in dem Moment. Damit das Team erfolgreich ist und das Auditziel erreicht wird, sind soziale Kompetenzen essenziell.

10.1.4 Systembezogene und methodische Kompetenzen

> ✓ Mit systembezogenen Kompetenzen sind Wissen und Fertigkeiten gemeint, die im Kontext Deiner relevanten Normen, Vorgaben vorkommen sowie mit Deinem Managementsystem zusammenhängen.

Beispiel: Wenn Du nach ISO 9001 zertifiziert bist, kommst Du nicht drum herum, die Anforderungen aus der Norm betreffend Audits umzusetzen und diese im Rahmen der internen Audits in anderen Bereichen zu überprüfen.

Deine systembezogenen Kompetenzen variieren je nach Anforderungen und nach Anwendungsbereich. Das heißt: Finde heraus, welche Normen und welche Kundenanforderungen für Dich relevant sind, damit Du Audits gewinnbringend gestaltest.

Wenn Du beispielsweise nach den Standards ISO 9001, ISO 14001, ISO 45001 und ISO 2700 Dein System aufrechterhältst, musst Du diese vier Standards auch in Deinem Auditprogramm berücksichtigen. Bei diesen vier Standards handelt es sich um die Top Vier der meist umgesetzten Standards gemäß ISO-Survey 2021 in der ISO-Welt. Für jeden Auditor legst Du dann fest, welche Systemkenntnisse relevant sind und wie er/sie diese erreicht (siehe auch Abschnitt 10.2).

Außerdem spielt es eine Rolle, wie das Managementsystem aufgebaut und wie integriert das System bereits ist. Alle internen Auditoren sind deshalb angehalten, das Managementsystem und dessen Beitrag zur Erreichung der Unternehmensziele zu kennen und zu beurteilen.

> Bei der **Methodenkompetenz** geht es um eine Kompetenz, die sich auf die Fähigkeiten und Fertigkeiten beziehen, die notwendig sind, um Probleme zielorientiert zu lösen. Dazu gehören das Beschaffen von Wissen, das Treffen von Entscheidungen und das Setzen von Prioritäten. Methodenkompetenz bildet als Schlüsselkompetenz die Basis für den Aufbau und die Umsetzung der Fachkompetenz.

Methodische Kompetenzen umfassen auch die Inhalte dieses Buches. Ferner sind nachfolgende Top-Drei-Methodenkompetenzen bei Auditoren ein Muss:

1. **Anwendung des risikobasierten Ansatzes**: Die Fähigkeit, unter Berücksichtigung von Risiken und Chancen den Auditplan oder die Gewichtung im Audit zu ändern. Dazu gehören Problemlösungsfertigkeiten, um immer handlungsfähig zu bleiben. Dabei verlieren die Auditoren die Grundsätze des Qualitätsmanagements, worauf auch die Anforderungen der ISO-Norm 9001 beruhen, nicht aus den Augen. Diese sind: Kundenorientierung, Führung, Engagement von Personen, prozessorientierter Ansatz, Verbesserungen, faktengestützte Entscheidungsfindung und Beziehungsmanagement. Dabei ist kein Grundsatz wichtiger als die anderen, sondern es ist ein Zusammenspiel, den Du als Auditorin/Auditor geschickt risikobasiert anwenden kannst.

   Umfassende Informationen findest Du in der ISO 9000:2015, Kapitel 2.3.

2. **Präsentationen und Zusammenfassungen**: Auditoren sind in der Lage, das Ziel von Audits zu präsentieren, Gespräche sachlich und spannend zu führen und Ergebnisse sowohl mündlich als auch schriftlich festzuhalten. Sie sind in

der Lage, nach jeder Auditsequenz das Wichtigste für die Zuhörer zusammenzufassen. Erfolgreiche Auditoren lernen den Umgang mit neuen Medien und weitere Methoden, um auch Audits beispielsweise per Remote durchführen zu können. Sie kennen die neuesten Trends, um die Werkzeuge bezogen auf den Auditprozess und darüber hinaus gewinnbringend einzusetzen.

3. **Erkennen von Zusammenhängen**: Erfolgreiche Auditoren erkennen Zusammenhänge, systematische Fehler sowie Best Practice. Sie betrachten etwas nicht isoliert, sondern bezogen auf das Ganze. Prozessorientierung sowie eine ganzheitliche Vorgehensweise sind für sie selbstverständlich - sowohl in der Auditdurchführung als auch, um Organisationen voranzubringen. Sie fragen nach den Auswirkungen für vor- und nachgelagerte Prozesse sowie für die ganze Organisation. Sie helfen Auditierten dabei, nicht nur ihr eigenes Süppchen zu kochen und aus dem „Silodenken" zu kommen, sondern auch ihren Beitrag zum Gesamtunternehmen zu erkennen und zu verbessern.

10.1.5 Organisationsbezogene Kompetenzen

Ein Audit findet entweder in Deiner Organisation oder in einer anderen Organisation von Partnern oder von Lieferanten sowie unterwegs bei mobilen Einsätzen im Auftrag einer Organisation statt. Es ist Deine Verantwortung, das Wissen über die Art der involvierten Organisation in der gesamten Wertschöpfungskette, deren Komplexität, die Kernkompetenzen, die Strategie, Vision und Ziele sowie über die Prozesse sowie wie diese gemessen werden (Kennzahlen) zu kennen.

Weiterhin kennst Du die aktuellen Themen, die euch bewegen, zum Beispiel in der Technologie, Digitalisierung, Nachhaltigkeit, und berücksichtigst diese während des Audits. Weiterhin informierst Du Dich über das externe Umfeld, den Markt sowie die Kundenportfolien. Es ist nicht die Absicht, dass Du diese auswendig lernst. In Deiner eigenen Organisation zeigst Du Interesse und tauschst Dich mit anderen Bereichen aus. Die Rolle des QMlers ist deshalb so spannend, weil Du in dieser Funktion die Organisation wie sonst kein anderer kennst. Nutze das und gib das weiter an interne Auditoren.

Für Lieferantenaudits weißt Du als Kunde, wohin das Ergebnis geht. Kombiniert mit den Erkenntnissen über Deinen Lieferanten nutzt Du dieses Wissen, um Deine Lieferanten voranzubringen.

Die Informationen über die Strategie, die Art und Umfang sowie die Komplexität hilft Dir, in jedem Auditschritt den risikobasierten Ansatz anzuwenden. Beispiel: Für ein Unternehmen, das einmal alle fünf Jahre ein Messmittel für einen Sonderauftrag kalibriert, ist es eine Verschwendung, wenn Du für dieses Thema vier von sechs verfügbaren Stunden verwendest. Es sei denn, dieses Messmittel entscheidet über einen beträchtlichen Umsatz.

10.2 Relevante Kompetenzen aufbauen

Die Kompetenzen lassen sich beispielsweise durch Schulungen, Erfahrungen aus den Projekten, beruflichen Einsatz in den relevanten Fachgebieten und Branchen, Selbststudium oder auch durch Deine QM- und Auditorentätigkeiten aufbauen. Tabelle 10.1 liefert Dir einen Einstieg und konkrete Beispiele. In der Praxis wirst Du eine Kombination von allen Themen brauchen.

Wichtig ist, dass Du Dir auch die Bewertungskriterien festlegst. Sowohl qualitativ (Nachweis einer Kompetenz durch eine dritte Person bestätigt oder durch Beobachtung im Rahmen des Einsatzes) als auch quantitativ (Anzahl Erfahrungsjahren oder Anzahl Audits im Jahr)

Tabelle 10.1 Wege, um Kompetenzen aufzubauen

Art der Kompetenz	Anerkannte Wege zur Erlangung der Kompetenz	Beispiel
1. Persönliche Kompetenzen	Schulung	ISO 19011 lesen und verstehen, Kurse oder Bücher für Persönlichkeitsentwicklung
2. Fachliche Kompetenzen	Grundstudium/Ausbildung Weiterbildung Fachlicher Einsatz über die Zeit, als Auditorin/Auditor oder als Fachperson in einem Betrieb	Teilnahme an Audits als Co-Auditor, Auditteamleiter *„Möglichkeit einer Trainerbegleitung während des Audits, um sich schnellstmöglich zu verbessern“ (Braun 2020, S. 11)*
3. Soziale Kompetenzen	Menschen haben das mehr oder weniger in ihrer Persönlichkeit. Schulungen	Teilnahme an Audits als Co-Auditor, Auditteamleiter
4. Systembezogene und methodische Kompetenzen	Selbststudium Erfahrungsaustausch Auditorenerfahrung	Teilnahme an Audits als Co-Auditor, Auditteamleiter
5. Organisationsbezogene Kompetenzen	Erfahrungsaustausch Gesammelte Erfahrungen	Anzahl Erfahrung in Jahren in einem bestimmten Unternehmen

10.3 Dein internes Qualifizierungsprogramm

Es ist entscheidend, dass Du je nach Art und Komplexität Deiner Organisation oder der Organisation Deines Lieferanten weißt, welche Kompetenzen für Dich selbst und für Dein Auditorenteam relevant sind. Schreibe Dein internes Qualifizierungsprogramm auf. Beantworte dabei diese Fragen:

- Was müssen die internen oder Lieferantenauditoren können bzw. welche Kompetenzen müssen sie mitbringen?
- Wenn diese Kompetenz nicht vorhanden ist, wie kann sie erreicht werden?
- Was brauchen sie, um diese Kompetenz aufrechtzuerhalten und zu verbessern?
- Wie überwache ich das (siehe Abschnitt 10.5)?

Dieser Ansatz funktioniert für ein kleines und für ein großes Team. Halte die Anforderungen auf einer Seite oder in einem Diagramm fest. Bild 10.2 zeigt ein entsprechendes Beispiel.

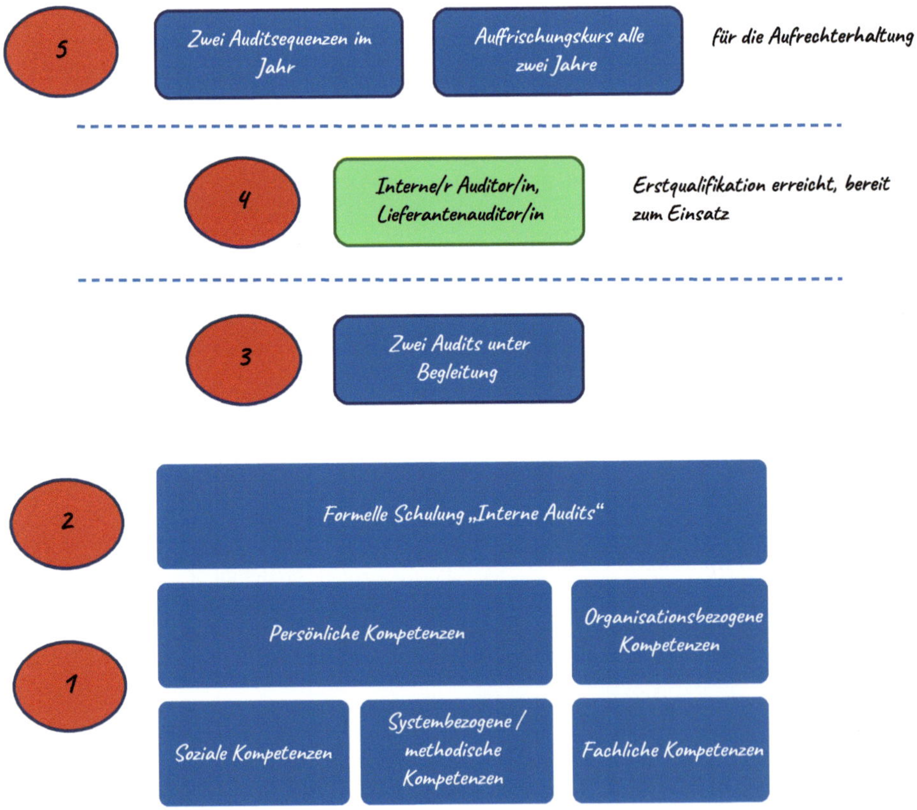

Bild 10.2 Dein internes Qualifizierungsprogramm

Hast Du einmal für Dein Unternehmen festgelegt, was nötig ist, dann wird es immer leichter, Deinem Ziel näher zu kommen. Dabei kannst Du entscheiden, ob Du Deine Auditoren intern oder extern schulst oder ob eine Kombination davon sinnvoll ist.

Die unternehmensspezifischen Themen sind in internen Schulungen hervorragend sichtbar, nachvollziehbar und können so „sicher“ geübt werden. Wir haben auch gute Erfahrungen damit, selbst als Trainer (Auftragnehmerin) oder als Auftraggebende Inhouse-Schulungen zu organisieren. So können Teilnehmende und Trainer auf firmeninterne Themen offen eingehen.

Ein weiterer Gewinn ist es, dass Du Inhouse-Schulungen in Form von Workshops gestalten kannst und Teilnehmende konkrete Lösungen für den Alltag erarbeiten. Beispielsweise können während einer Schulung Auditprozesse oder Qualifizierungsprogramme definiert werden.

Eine häufige Frage aus der Praxis ist: „Wenn ich andere schule, gilt das auch als Nachweis, dass ich geschult bin?“ Ein klares Ja. Wenn Du als Schulungsverantwortliche Dich mit der Entwicklung der Schulung beschäftigst und andere schulst, bist Du automatisch geschult. Dein externer Auditor wird das akzeptieren. Es kann dennoch sinnvoll sein, Dich extern schulen zu lassen, damit Du siehst, wie es die anderen Unternehmen machen. Nimm dabei Deine Fragen mit in die Schulung, damit Du möglichst viel da herausholst.

Jetzt fragst Du Dich zurecht, wie Du den Inhalt der Schulung intern definieren kannst. Deine Schulung umfasst mindestens: aktuelle Prozessbeschreibung zum Thema Audit und die benötigten Tools, Erfahrungen aus Deiner Organisation, Übungsbeispiele und Szenarien aus Deiner Organisation, Rollen und Verantwortlichkeiten, sonstiges relevantes Wissen und Kompetenzen.

Hier ist es wichtig, dass alle Auditoren vom Gleichen sprechen. Das Tempo des Lernens ist unterschiedlich. Stelle daher als schulungsleitende Person sicher, dass genügend Zeit zur Verfügung steht.

Die richtigen Fragen kommen erst beim Tun. Schau, dass ihr euch im Team regelmäßig trefft, beispielsweise bei der Auftragserteilung oder um Reviews durchzuführen und um alle Unklarheiten aus dem Weg zu schaffen. Das ist gleichzeitig ein Weg, um die Kompetenzen zu überwachen.

10.4 Relevante Kompetenzen überwachen

Lege intern fest, wie Du Deine Auditoren überwachst. Die Norm ISO 19011 gibt kluge Ansätze dafür, jedoch für Deine Organisation vielleicht zu umfangreich. Mach es einfach für Dich. Aus der Praxis haben wir herausgefunden, woran Du merkst, dass Du die richtigen Personen im Team hast. Hier sind unsere Top-Fünf-Kriterien:

- Sie stellen Fragen, falls etwas unklar ist.
- Sie organisieren sich selbst und stellen sicher, dass das Audit durchgeführt ist.
- Sie erstellen einen aussagekräftigen Bericht innerhalb vorgegebener Zeit.
- Sie melden sich proaktiv, sollte das Ziel gefährdet ist.
- Sie bringen sich ein, um den Auditprozess zu verbessern.

In jedem Auditschritt hast Du die Möglichkeit, die Leistungen Deiner Auditoren zu überwachen. Denke dran, es geht nicht darum, ob Du sie persönlich magst oder nicht. Es geht darum, dass das Team für den Auditprozess und damit für die Organisation Mehrwert liefert. Beurteile möglichst objektiv.

Du stellst mit der bewussten Überwachung fest, ob Handlungsbedarf besteht, zum Beispiel ob Nachschulung, Sensibilisierung, Anpassung im Prozess nötig ist. Die gewonnenen Informationen vergleichst Du mit Deinen quantitativen und qualitativen Kriterien. Sollten diese nicht erfüllt sein, kannst Du Folgemaßnahmen definieren.

Welche Möglichkeiten gibt es, die Kompetenzen und Leistungen Deiner Auditoren zu überwachen? Welche Grundlagen hast du? Hier orientieren wir uns an den Vorschlägen der ISO 19011:2018 (Abschnitt 7.4):

1. Überprüfung von Aufzeichnungen, um den Hintergrund des Auditors zu verifizieren. Dies ist vor allem wichtig, wenn Du Personen außerhalb der Organisation beauftragst.
2. Feedback von den beteiligten Personen, um zu erfahren wie Deine Auditoren vor Ort performen. Achtung: Es kann eine Beschwerde kommen, weil ein Auditor zu streng war. Einseitige Feedbacks und ohne die Sicht Deiner Auditoren sagt nicht viel aus.
3. Befragung: strukturiertes Gespräch mit Deinen Auditoren, um die Information zu erhalten
4. Beobachtung: Dies machst Du, indem Du die neuen Auditoren regelmäßig und erfahrene stichprobenartig begleitest.
5. Prüfungen, falls nützlich und relevant
6. Überprüfung nach den Audits: z. B. Auditergebnisse, Auditberichte und Zusammenarbeit

Eine Vorlage für Deine jährliche Überwachung könnte wie in Bild 10.3 dargestellt aussehen.

PERIODE	2030–2033	RISIKEN/CHANCEN	
Nächster Erfahrungsaustausch	Ist-Analyse zur Vorbereitung eines Lean Managements	ZULETZT ÜBERPRÜFT AM	30.03.3030

Fortl. Nr.	Auditor/Auditorin in Training mit T am Ende	Freigegeben am	Freigegeben für				Zwei Audits im Jahr durchgeführt?	Refreshingkurs zuletzt besucht am
			Interne Audits	Lieferantenaudits	Produktaudits	Arbeitssicherheit		
1	Maya Verantwortliche	29.09.2029	✓	✓			✓	28.08.2028
2	Robin Gelehrter	26.06.2026				✓		28.08.2028
3	Karin Die Entwicklerin (Trainee)							28.08.2028
4								
5								
6								
7								

Kompetenzen gemäß Anforderungen in der Prozessbeschreibung						Handlungsbedarf	Anmerkungen
Persönliche	Fachliche	Soziale	Systembezogene/ methodische	Organisationsbezogene	Q2		

Bild 10.3 Vorlage für eine jährliche Überwachung der Kompetenzen

In der Regel handelt es sich bei einem Auditteam um ein Team, das längere Zeit zusammen ist, das mit der Zeit wächst und immer besser wird. Kommuniziere die Überwachungskriterien transparent. So wissen alle von Beginn an, was von ihnen erwartet wird.

Wir hatten mal eine fachlich wertvolle Person im Team. In ihrem speziellen Fachgebiet war sie die einzige, und wir waren froh, sie intern zu haben. Nach drei Auditaufträgen fiel auf, dass sie immer eine Begründung hatte, warum sie den Auditbericht nicht liefern kann, ebenso hatte sie Schwierigkeiten bei der Organisation der Audits. Ihre Begründung war dabei stets: Sie habe viel zu tun. Ihr Chef gäbe ihr sehr viele Aufgaben. Zu Beginn hatten wir Erwartungen geklärt und auch das Commitment von den Auditorenchefs abgeholt. Wir haben uns darauf geeinigt, wie die interne Verrechnung funktioniert, damit diese Zeit honoriert wird. Doch manchmal funktioniert es nicht so, wie wir gerne hätten. Wir haben dann erfahren, dass diese Person auf der anderen Seite auch nicht weiterkommt, und die gleiche Begründung vorbrachte, hier allerdings, dass sie mit zu vielen Audits beauftragt sei.

So ein Verhalten ist weder konstruktiv noch proaktiv. Solche persönlichen Eigenschaften sind nicht hilfreich. Im Gegenteil: hemmend. Auditoren suchen keine Schuldigen. Wenn Du trotz hoher Fachkompetenz keine Verantwortung für Dein Tun übernimmst, sind Audittätigkeiten nichts für Dich. Solche Auditoren kannst Du im Team nicht gebrauchen.

Wir haben uns daher auch von dieser Person getrennt. Auch solche Entscheidungen musst Du treffen, um Deine Organisation voranzubringen.

Denke daran: Es fängt immer mit den richtigen Leuten im richtigen Boot an. Dann meistert ihr auch die gemeinsamen Herausforderungen. Die Akzeptanz von Audits sowie deren Nutzen nehmen zu.

■ 10.5 Wichtigste Dokumente

Nachweis über eine Schulung: So einfach wie möglich gestalten. Wenn Du über ein Learning-Managementsystem (LMS) verfügst, genügen die Protokolle oder Testabschlüsse.

Nachweis über eine Überwachung der Auditorenleistung. Ein Beispiel: Halte im Auditprogramm fest, wer im Team ist, für welche Audits die Personen eingesetzt werden und wann diese zuletzt geschult worden sind. Weiterhin kannst Du definieren, dass bei jeder Anpassung des Programms und der Auditorenauswahl die Auditorenleistung als überwacht und ausreichend gilt.

Schulungsunterlagen. Hier genügend die aktuelle Prozessbeschreibung und benötigte Tools, deren Anwendung in der Schulung effektiv geübt werden. Idealerweise hast Du diese webbasiert oder in eurem E-Learning-System.

Qualifizierungsprogramm – am besten auf einer Seite oder als Teil Deiner Prozessbeschreibung zu internen Audits.

■ 10.6 Wichtigste Erkenntnisse

Die ISO 19011 liefert einen umfassenden Leitfaden zur Bewertung und zu den Kompetenzen von Auditoren. Schaue, dass Du mit Deinem „Wie" die relevanten Auditorenkompetenzen festlegst und damit die Auditoreneinsätze Dein Unternehmen voranbringen. Mach es Dir dabei so einfach wie möglich. Starte klein, aber dafür konsequent.

Definiere für Dich die relevanten Kompetenzen, wie Du Deine Auditoren qualifizierst und wie Du diese Kompetenzen überwachst. Definiere auch, wie oft die Überwachung stattfindet. Mit dem Einsatz der Auditoren überprüfst Du auch, ob die Kompetenzen aufrechterhalten sind.

Befähige Deine Auditoren und ermutige sie, sich einzubringen. Nicht vergessen: Das Wichtigste, was Auditoren mitbringen oder erlernen, sind Neugier, Proaktivität und Selbstreflexion. So sind sie in der Lage, jederzeit Fragen zu stellen, um mit ihrer konstruktiven Art in jedem Schritt das Unternehmen voranzubringen.

Der formelle und informelle Austausch mit Auditoren macht es aus. Definiere für Dich, wie ihr miteinander kommuniziert und wie ihr aus den Auditsequenzen lernt. Berücksichtige das im Rahmen der Erstqualifizierung sowie des Auffrischungskurses.

Auditoren werden erst durch Auditeinsätze immer besser. Keiner muss perfekt starten, sondern einfach bereit sein, weiter zu lernen. Sei auch mutig, Stopp zu sagen, wenn ein Einsatz nicht mehr passt.

10.7 Reflexionsfragen

1. Welche von den genannten Kompetenzen sind am relevantesten für Dein Unternehmen?
2. Welche Ressourcen fehlen dir, damit Du Dich selbst oder Dein Team befähigst?
3. Welche drei Kompetenzen wirst Du demnächst aufbauen, um Audits noch konstruktiver und besser zu leiten? Erstelle dazu einen Terminplan mit konkreten Schritten zur Umsetzung.

11 Auditdokumente zum Download

Um Audits mit Freude und Wirkung durchzuführen, brauchst Du einige wichtige Auditdokumente. Je nach Fortschritt eurer IT-Landschaft entscheidest Du, ob Dir diese Dokumente etwas bringen oder ob Du diese als Grundlage für Deine IT-Applikation für Audits verwendest.

Folgende Dokumente und Vorlagen stehen zum Download auf *plus.hanser-fachbuch.de* zur Verfügung:

1. Auditstrategie
2. Auditprogramm inklusive Überwachung der Maßnahmen aus den Audits
3. Auditprozessbeschreibung
4. Auditcheckliste nach ISO 9001
5. Auditplan
6. Turtle-Vorlage für die Auditvorbereitung
7. Auditbericht
8. Auditorenkompetenzen und deren Überwachung

12 Auditsituationen – Zwei Fallbeispiele

In diesem Kapitel geben wir Dir zwei Fallbeispiele bis zu den Bewertungen der ausgewählten Audits.

Falls Du noch geringe Erfahrungen hast: bitte für Deinen Kontext anpassen und ggf. noch „kleiner" beginnen.

Falls Du bereits viel Erfahrung hast: Bitte für Deinen Kontext anpassen und noch tiefer eingehen. Nimm die Beispiele als Anregung.

12.1 Fallbeispiel 1 – Internes Audit

Bei diesem Fallbeispiel lautet das Auditziel: Ist-Analyse als Vorbereitung für die ISO 9001-Erstzertifizierung.

Bevor wir das Fallbeispiel weiter ausführen, geben wir Dir eine kurze nützliche Information zum Ablauf von Zertifizierungsaudits.

Eine Erstzertifizierung läuft in zwei Stufen: Stage 1 Audit und Stage 2 Audit.

Stage 1 Audit

Das Stage 1 Audit hat bei Erstzertifizierungen das Ziel, die Bereitschaft Deiner Organisation für das tatsächliche Zertifizierungsaudit (Stage 2) zu bestätigen. Sollten die von der Norm verlangten Prozesse fehlen oder es keine ernannte QM-Verantwortliche geben oder die dokumentierten Informationen sind gemäß Norm noch nicht vorhanden, dann ist Dein Unternehmen noch nicht bereit für ein Erstzertifizierungsaudit.

Stage 1 hat viele Vorteile auch für Dich. Nutze die Gelegenheit. Aus dem Ergebnis aus Stage 1 weißt Du, was ihr noch vor dem Stage 2 tun müsst.

Stage 2 Audit

Das Stage 2 Audit ist dann das offizielle Erstzertifizierungsaudit.

Zwischen Stage 1 und Stage 2 hast Du genügend Zeit, um offene Punkte abzuarbeiten, die für das Audit nicht sehr kritisch sind.

Wir empfehlen Dir, mindestens ein internes Audit vor dem Stage 1 durchzuführen. Interne Audits sind ein zentrales Element einer Zertifizierung.

Lass uns das Fallbeispiel Punkt für Punkt durchgehen. Dabei unterteilen wir die Abschnitte wie folgt:

1. Ausgangslage
2. Deine Vorgehensweise anhand von sechs Phasen
3. Konkretes Szenario
4. Auditfragen, -feststellungen und Bewertung
5. Fazit

12.1.1 Ausgangslage

Das Thema interne Audits ist bei euch neu. Vorher warst Du noch nicht mit Audits konfrontiert.

Euer größter Kunde verlangt eine Zertifizierung nach ISO 9001. Du hast bereits mit Deinem Zertifizierungsauditor Kontakt aufgenommen. Das Stage 1 Audit findet in acht Monaten statt, das Stage 2 Audit (die tatsächliche Erstzertifizierung) genau in einem Jahr.

Damit Deine Zertifizierungsgesellschaft eure Bereitschaft zur Zertifizierung prüfen kann (Stage 1), wirst Du ihm einige dokumentierte Informationen inklusive Nachweise für interne Audits und der Managementbewertung schicken. Das Stage 1 Audit findet meistens aus der Ferne statt.

Du hast ein Jahr zuvor eine QM-Schulung besucht, die Dir die Grundlage für interne Audits, Prozessmanagement und das Verständnis für die ISO 9001 vermittelt hat.

Mit diesem Buch hast Du nun einige Auditdokumentvorlagen, die Du aktiv verwenden kannst.

Manche von Deinen Kollegen kennen interne Audits aus ihren früheren Tätigkeiten.

Deine Chefin vertraut Dir in jeder Hinsicht und hat Dir als Auftrag gegeben, das Projekt „Erstzertifizierung“ erfolgreich abzuschließen.

Stand jetzt habt ihr bereits Prozesse sowie die Prozessverantwortliche definiert. Du hast noch keine Erkenntnisse darüber, ob die vorhandene Dokumentation sowie die Umsetzung der Prozessvorgaben für die Erstzertifizierung ausreichend sind.

12.1.2 Deine Vorgehensweise anhand von sechs Phasen des Auditprozesses

Wir nehmen an, ihr habt nur einen Standort.

Achtung: Falls Du in einem globalen Unternehmen bist und ihr noch zusätzliche Standorte oder habt, so kannst Du die Vorgehensweise dafür anpassen.

Bitte beachte auch: Dein ISO-9001-Auditor braucht lediglich einen Auditbericht. Die Maßnahmen aus den Audits dürfen bis zum Zertifizierungsaudit oder sogar danach noch offen sein. Das nimmt Dir den Druck weg.

Wie gehst Du vor?

Tabelle 12.1 liefert Orientierung.

Tabelle 12.1 Sechs Phasen des Auditprozesses: Schritte, Quicktipps und Hilfsmittel für das Fallbeispiel 1

Phase	Deine Schritte	Quicktipps/Deine Hilfsmittel
Strategie	▪ Geschäftsleitungsentscheid ISO 9001 einzuführen, ist Deine Grundlage. Das ist eine strategische Entscheidung. ▪ Du überprüfst stichprobenartig, ob die Umsetzung auch mit der Strategie überreinstimmt. ▪ Beispiel Prozessführung: Stimmt die festgelegte Qualitätspolitik, Ziele gemäß Kapitel 5 und 6 der ISO 9001 mit der Strategie überein?	▪ Klein starten, bis Du Erfahrung gesammelt hast. Verinnerliche jedoch die Unternehmensstrategie, damit Du nicht etwas verlangst, was euch nicht weiterbringt.
Steuerung Auditprogramm	▪ Erstelle ein einfaches Auditprogramm mit allen Prozessen in Deinem Unternehmen. Pro Prozess gibst Du Dir mindestens zwei Stunden. ▪ Falls Du alleine bist, entfällt ein Auditauftrag, denn Du hast Deinen bereits von Deiner Chefin erhalten. Mach Dir aber ein Ziel: Welche Erkenntnisse möchtest Du nach einem Tag Audit gewinnen? ▪ Informiere die Geschäftsleitung und hole Unterstützung.	▪ Auditprogramm enthält Auditziel: Ist-Analyse als Vorbereitung für die ISO 9001 Erstzertifizierung ▪ Auditprogramm enthält Auditkriterien: d. h. Normkapitel. Beachte, wenn dokumentierte Informationen verlangt werden. ▪ Entscheide, wann ein Prozess für die ISO-9001-Zertifizierung bereit ist. ▪ Ihr seid bereit, wenn Prozessdokumentationen existieren oder aktuell überarbeitet werden und wenn die Umsetzung großenteils nachvollziehbar ist.

Tabelle 12.1 Sechs Phasen des Auditprozesses: Schritte, Quicktipps und Hilfsmittel für das Fallbeispiel 1 *(Fortsetzung)*

Phase	Deine Schritte	Quicktipps/Deine Hilfsmittel
Fokussierte Planung und Vorbereitung	▪ Falls Informationen zu den Prozessen bereits existieren, informiere Dich im Vorfeld. Die Menschen schätzen es, wenn Du vorbereitet ankommst. ▪ Relevante Themen/Fragen vorher erstellen. ▪ Erstelle einen einfachen Auditplan und lasse Deine Organisation wissen, warum interne Audits nützlich sind und wie jeder dazu beitragen kann. ▪ Mach Dir Gedanken, wie Du einsteigen und welche Mindestfragen Du jede Prozessverantwortliche fragen möchtest.	▪ Auditplan bestätigt durch die Auditierten ▪ Dein angepasster Fragenkatalog ▪ Zugang zum Managementsystem vor Ort oder zur Prozessdokumentation ▪ Finde heraus, was noch fehlt und bis wann dies erledigt wird. Zur Wiederholung: Es muss nicht alles da sein, um eine ISO-Zertifizierung zu erhalten.
Objektive Durchführung	▪ Gerade weil Audits für euch neu sind, nimm Dir viel Zeit für das Eröffnungsgespräch, um Menschen für Audits zu begeistern. Dein Einstieg ist entscheidend, ob das Audit positiv verläuft oder nicht. Erkläre, warum Audits sinnvoll sind, was das konkrete Auditziel ist und wie Du vorgehen wirst. ▪ Nimm Deinem Gesprächspartner Druck weg: Es geht nur um die Sache, nicht um die Personen. Die Erkenntnisse helfen euch als Unternehmen. Erwähne bitte auch, was Du an die Geschäftsleitung berichten wirst und was grundsätzlich mit den Ergebnissen passiert. ▪ Frage, ob ihr das Audit gemäß Auditplan durchführen könnt oder ob es Änderungsvorschläge gibt. Nimm an, dieser Punkt ist wichtig, damit Du das Team abholst. ▪ Vertraulichkeit und Zugang: Erwähnen, was mit der gewonnenen oder eingesehenen Information passiert und dass Dir Vertraulichkeit am Herzen liegt.	▪ Deine Checkliste zum Eröffnungsgespräch ▪ Deine Checkliste zur Auditdurchführung (siehe unten) inklusive Feststellungen und Bewertung ▪ Bewerte und dokumentiere Informationen gegenüber Auditkriterien/Normkapiteln (Auditfeststellungen) – entweder vor Ort oder später abschließen ▪ Nutze die Gelegenheit auch, um Sauberkeit und Ordnung im Betrieb zu überprüfen, als Vorbereitung für das Audit ▪ Bitte daran denken, die Norm definiert nur das Was, nicht das Wie. Die Kreativität in Deinem Unternehmen zulassen. Wichtig ist, dass ihr versteht, warum ihr etwas auf eine Weise macht und nicht anders.

Phase	Deine Schritte	Quicktipps/Deine Hilfsmittel
	▪ Führe Audit gemäß Fragenkatalog (siehe Tabelle 12.2) durch. Lobe, wenn Du etwas Gutes entdeckst. ▪ Schließe jede Sequenz professionell ab: Bedanke Dich, positive und negative Aspekte direkt erwähnen (zusammenfassen), nächste Schritte.	
Zielorientierte Nachbereitung	▪ Bedanke Dich bei allen Auditierten und fasse die wichtigsten Erkenntnisse zusammen. ▪ Auditbericht/Checkliste inklusive festgelegter Maßnahmen vervollständigen, inklusive Verantwortliche. ▪ Überprüfung der Wirksamkeit von Maßnahmen planen (was wird wann durch wen wie überprüft?). ▪ Auditnachweise ablegen.	▪ Nächste Schritte immer kommunizieren ▪ Checkliste Auditnachbereitung (falls Du eine brauchst) ▪ Auditbericht/Auditcheckliste vervollständigen, falls diese als Bericht gilt ▪ Finaler Bericht an Auditierte versenden
Review	▪ Auch wenn dies Dein erstes Audit ist, gewöhne Dir an, die Wirksamkeit des Auditprozesses zu überprüfen: Lief alles nach Plan? Wie kannst Du den Prozess verbessern? ▪ Erkenntnisse aus den Audits fließen in die Managementbewertung hinein. Die Managementbewertung führt ihr auch vor der Erstzertifizierung durch. ▪ Deine persönliche Vorgehensweise und Weiterentwicklung als Auditor/in überprüfen.	▪ Notiere Dir Deine Erkenntnisse ▪ Du musst nicht alles perfekt haben für das Zertifizierungsaudit, auch wenn dies Dir wie eine Prüfungssituation vorkommt. Du musst nur wissen, warum Du etwas machst und warum Du einiges verschiebst. ▪ So einfach wie möglich halten ▪ Angepasstes Auditprogramm, falls notwendig. Falls die Zeit nicht reicht und Du etwas verschiebst, bitte im Programm anmerken

12.1.3 Konkretes Szenario

Wir nehmen Kapitel 4 bis 10 aus der Norm ISO 9001 und stellen daraus die wichtigsten Fragen. Die umfangreichsten Anforderungen sind in Kapitel 8 zu finden. Nicht vergessen, dass das Kapitel 8, „Betrieb", alle Anforderungen an Prozessen umfasst, die direkt mit externen Kunden zu tun haben. Kapitel 8 ist das Herzstück, denn damit verdient ihr euer Geld.

Bitte beachte: Die Norm spricht von Produktion, Prozessen oder Dienstleistungen. Das Wort Produktion dürft ihr ausdehnen. Hier geht es um die Herstellung von dem, wofür der Kunde bereit ist zu zahlen: Das können klassische „anfassbare" Produkte oder Teile davon sein, das kann aber auch Softwareentwicklung, IT-Services oder das Behandeln von Patienten oder auch Kochen in einem Restaurant sein.

In diesem Szenario nehmen wir weiterhin an, dass ihr selbst Produkte/Dienstleistungen entwickelt. Ansonsten im Anwendungsbereich anmerken, dass das Kapitel 8.3, „Entwicklung von Produkten und Dienstleistungen", keine Anwendung bei euch findet.

Du auditierst alle Prozesse/Bereiche innerhalb eines Tages. Plane so, dass Du eine Zusammenfassung über alle Bereiche machen kannst, um festzustellen, wo der größte Handlungsbedarf ist und wo Du Deine Priorität legst.

Quicktipp
Falls Du bereits eine Gap-Analyse hast, nutze diese auch als Checkliste.

12.1.4 Auditfragen, -feststellungen und Bewertung

Es ist eine gute Übung, Deine Fragen möglichst offen zu stellen und diese umzuformulieren, falls sie nicht verstanden werden. Die Normsprache ist für Dein Team nicht bekannt. Deine Checkliste enthält unter Umständen Begriffe, die nur Du verstehst.

Sehr wahrscheinlich wirst Du Zeit brauchen, um die Normanforderungen in Deinen Worten zu erklären.

Tabelle 12.2 zeigt die Ergebnisse des Audits anhand eines Beispiels.

Tabelle 12.2 Fallbeispiel 1: Auditfeststellungen und Bewertung

Normkapitel	Fragestellungen aus den Normanforderungen	Eingesehene Nachweise (Beispiele)/Feststellung	Bewertung	Handlungsbedarf
4 Kontext der Organisation	▪ Sind externe und interne Faktoren ermittelt, die einen Einfluss auf die Organisation/auf den Prozess, auf die Strategie sowie auf die Zielerreichung haben? Sind diese überwacht und bewertet? ▪ Sind interessierte Parteien festgelegt, deren Erwartungen ermittelt und verstanden? ▪ Ist der Anwendungsbereich definiert und dokumentiert? ▪ Sind das Managementsystem und seine Prozesse festgelegt?	▪ Führungsprozess ▪ Strategieprozess ▪ Stakeholder und die Ermittlung ihrer Bedürfnisse ▪ Reviewprotokolle Feststellung: Anwendungsbereich ist nicht dokumentiert, alles andere ist vorhanden und nachvollziehbar.	Teilweise erfüllt	Anwendungsbereich vor Stage 1 definieren
5 Führung	▪ Zeigt die oberste Leitung in Bezug auf das Qualitätsmanagementsystem Führung und Verpflichtung? ▪ Ist die Unternehmenspolitik definiert, dokumentiert und kommuniziert? ▪ Sind Rollen, Verantwortlichkeiten und Befugnisse definiert?	▪ Qualitätspolitik oder Leitbild im Intranet/Internet ▪ Reviews/Anlässe, bei denen Qualitätsbewusstsein geschärft wird ▪ Prozessverantwortliche, Organigramm, Ablauforganisation, Kompetenzmatrix, Funktionsbeschreibungen Feststellung: Alles vorhanden. Kleinigkeiten kannst Du direkt korrigieren lassen.	Erfüllt	Kein Handlungsbedarf

Tabelle 12.2 Fallbeispiel 1: Auditfeststellungen und Bewertung *(Fortsetzung)*

Normkapitel	Fragestellungen aus den Normanforderungen	Eingesehene Nachweise (Beispiele)/Feststellung	Bewertung	Handlungsbedarf
6 Planung	▪ Sind Maßnahmen zum Umgang mit Chancen und Risiken bestimmt und erkennbar? Sind diese proportional zur möglichen Auswirkung auf die Konformität von Produkten und Dienstleistungen? ▪ Sind Qualitätsziele für alle relevanten Funktionen, Ebenen und Prozesse festgelegt? ▪ Sind Änderungen am Qualitätsmanagementsystem systematisch geplant und umgesetzt?	▪ Risiko/Chance-Analysen und die Maßnahmen daraus, risikobasierte Entscheidungen, Kontextreview ▪ Maßnahmen können auf Prozessebene oder Unternehmensebene oder beides sein. Management-, Strategiereview, Zielvereinbarungen Achtung: Risikobewertung muss aus Sicht der Norm nicht dokumentiert sein. Es ist jedoch sinnvoll, dies für Nachvollziehbarkeits- und Kommunikationszwecke minimal zu dokumentieren.	Erfüllt	Kein Handlungsbedarf
7 Unterstützung	▪ Sind interne und ggf. externe Ressourcen bestimmt und zur Verfügung gestellt? Personen, Infrastruktur, Prozessumgebung? ▪ Sind Ressourcen ermittelt/verfügbar, um gültiges und zuverlässiges Überwachen/Messen sicherzustellen? ▪ Ist die notwendige Kompetenz festgelegt? ▪ Ist das notwendige Wissen ermittelt, aufrechterhalten und zur Verfügung gestellt, um die Konformität der Produkte/Prozesse und DL zu gewährleisten?	▪ Verfügbare einsehbare Personen, Infrastruktur, finanzielle Ressourcen ▪ Messmittel verfügbar, Messpersonal kompetent, Protokoll und Berichte vorhanden, Prozess Prüfmittelüberwachung ▪ Fachliche und kommerzielle sowie Entscheidungskompetenzen in z. B. Kompetenzmatrix/Verträgen ▪ Wissensstrategie/-konzept ▪ Kommunikationskonzept/Plan vorhanden	Teilweise erfüllt	Maßnahmenplan anpassen. Definition und Dokumentation muss vor Stage 1 da sein, Umsetzung kannst Du Dir zwischen Stage 1 und 2 anschauen.

Normkapitel	Fragestellungen aus den Normanforderungen	Eingesehene Nachweise (Beispiele)/Feststellung	Bewertung	Handlungsbedarf
	▪ Sind interne/externe Kommunikationen bestimmt? ▪ Sind alle dokumentierten Informationen gemäß ISO 9001 vorhanden?	Tipp: Mach Dir eine Übersicht über dokumentierte Informationen und überprüfe, was vorhanden ist. Dazu ist es wichtig, die ISO 9001 als PDF zu kaufen. Mit der Suchfunktion gelangst Du rasch zu den dokumentierten Informationen. Feststellung: Die Hälfte ist erfüllt.		
8 Betrieb	▪ Sind Prozesse zur Erfüllung der Anforderungen an die Bereitstellung von Produkten und Dienstleistungen geplant, verwirklicht und gesteuert? ▪ Sind Anforderungen in Bezug auf Produkte und Dienstleistungen bestimmt? ▪ Ist ein Entwicklungsprozess eingeführt, umgesetzt und aufrechterhalten? ▪ Sind von extern bereitgestellten Prozessen, Produkten und Dienstleistungen gesteuert? ▪ Sind Produktion und Dienstleistungserbringung gesteuert und unter beherrschten Bedingungen? ▪ Ist die Freigabe von Produkten geregelt? ▪ Sind fehlerhafte Prozessergebnisse, Produkte und Dienstleistungen gekennzeichnet und gesteuert?	▪ Kundenspezifikationen, Anforderungsanalyse, Leistungsprozessbeschreibungen ▪ Entwicklungsprozesse mit dazugehörigen Dokumenten ▪ Einkaufsprozess, Vereinbarungen mit Lieferanten, Kreditorenprozess, Anforderungen an Lieferanten, Nachweise Freigabe und Überwachung von Lieferanten ▪ Planung, Produktion/Dienstleistungserbringung, Lagern, Annahmekriterien, Prüfpläne, Zeichnungen, Aufzeichnungen zu Softwareeignungstests etc. ▪ Freigabeprozess ▪ Kennzeichnung, getrennte Lagerung, Nachweise über Erfassung von nichtkonformen Ergebnissen, Sonderfreigaben	Nicht erfüllt	Produktionsprozess vor Stage 1 vervollständigen Umsetzung nach Stage 1 nochmals überprüfen

Tabelle 12.2 Fallbeispiel 1: Auditfeststellungen und Bewertung *(Fortsetzung)*

Normkapitel	Fragestellungen aus den Normanforderungen	Eingesehene Nachweise (Beispiele)/Feststellung	Bewertung	Handlungsbedarf
		Feststellung: Der Betrieb läuft mit Wissen aus den Köpfen und aus Erfahrung. Das ist super. Was fehlt, ist eine strukturierte Vorgehensweise. Teilweise sind Nachweise vorhanden, jedoch nicht zentral abgelegt. Für die Zertifizierung nach ISO 9001 ist das unzureichend.		
9 Bewertung der Leistung	▪ Was wird gemessen und überwacht? ▪ Sind Methoden und Instrumente zur Überwachung, Messung, Analyse und Bewertung bestimmt? ▪ Werden interne Audits durchgeführt? ▪ Wird eine Managementbewertung gemäß dieser Norm durchgeführt?	▪ Prozesskennzahlen, Cockpit, Zielvorgaben und -bewertungen, Verbesserungen daraus, Aufzeichnungen zur Überwachung und Messungen ▪ Auditprogramm, einzelne Audits und deren Ergebnisse ▪ Managementbewertungsnachweis Feststellung: Interne Audits werden gemacht, Rest ist nur ansatzweise vorhanden.	Teilweise erfüllt	Managementbewertung vor Stage 1 durchführen, Rest nach Stage 1
10 Verbesserung	▪ Sind Chancen zur Verbesserung bestimmt und jegliche notwendigen Maßnahmen eingeleitet, um die Anforderungen der Kunden zu erfüllen? ▪ Sind Nichtkonformität und Korrekturmaßnahmen nachvollziehbar und dokumentiert? ▪ Sind fortlaufende Verbesserungen erkannt und umgesetzt?	▪ Alle Maßnahmen zu Chancenanalyse, Chancen aus Reklamationen, Ideenmanagement, Maßnahmen aus Quellen wie internen Audits, Kundenrückmeldungen, Innovationen ▪ Ein Meldungserfassungssystem mit Korrektur- und Vorbeugemaßnahmen	Nicht erfüllt	Die definierten Applikationen oder Systeme für Erfassung von Meldungen mit Inhalt füllen, z. B. Kundenreklamationen erfassen. Es muss erkennbar sein, was mit den Maßnahmen zur Verbesserung passiert.

Normkapitel	Fragestellungen aus den Normanforderungen	Eingesehene Nachweise (Beispiele)/Feststellung	Bewertung	Handlungsbedarf
		▪ Ergebnisse aus Review-Meetings, Managementbewertungen und Verbesserungen, die sich aus systematischer Erfassung ergeben Feststellung: Vereinzelt vorhanden, kein System erkennbar. Dies ist ein zentraler Punkt bei einer Zertifizierung.		

Quicktipp

Trennung Dokumentation und Umsetzung: Falls Du nicht ausreichend Zeit dafür geplant hast, überprüfe zuerst systematisch die Dokumentation, denn diese Dokumentation schickst Du, damit die Bereitschaft für Stage 2 aus der Ferne bewertet wird.

Die Umsetzung kannst Du in der nächsten Planungsperiode oder nach Stage 1 stichprobenartig anschauen.

12.1.5 Fazit Fallbeispiel 1

Aus diesem Fallbeispiel gibt es einige offene Punkte zu erledigen. Du entscheidest gemeinsam mit den Prozessverantwortlichen, was bis wann und durch wen erledigt wird. Setze die Prioritäten richtig.

Kläre proaktiv Erwartungen mit Deinem Zertifizierungsauditor, falls Du nicht sicher bist, was er sonst noch erwartet.

Vermeide im Rahmen von internen Audits Dokumentation ohne Mehrwert. Hinweise und Empfehlungen, falls relevant, gibst Du mündlich weiter. Ansonsten konzentriere Dich auf Deine Auditkriterien und auf das, was Dein Unternehmen weiterbringt.

Bitte keine Abweichungen schreiben, nur damit diese geschrieben sind. Sinnhaftigkeit ist hier das oberste Gebot. Keine kritischen Abweichungen festzuhalten, um Auditierten zu „gefallen“, ist genauso verkehrt, denn es soll nachvollziehbar sein, wie Audits zur Verbesserung beitragen.

Wenn Du hier auch Best-Practice-Beispiele findest, bitte unbedingt weitergeben, damit Kollegen und Kolleginnen Dich bei Audits positiv unterstützen. Du bist die Brücke zwischen externen Auditoren und Deinen Kollegen. Dazu ist nicht nur Dein Fachwissen wichtig, sondern auch Dein Umgang mit Menschen.

Aus jedem Audit muss erkennbar sein, ob Handlungsbedarf besteht. Wenn ja, definiere in dem Maßnahmenplan, wer was bis wann zu erledigen hat. Baustellen sind erlaubt und hindern Dich nicht daran, das ISO-Zertifizierungsaudit erfolgreich zu bestehen.

Zu beachten:

- Dein Unternehmen hat sehr wahrscheinlich andere Begriffe für Normanforderungen. Es ist Deine Aufgabe, die „Firmensprache" aufrechtzuerhalten, für mehr Akzeptanz.
- Wenn Dein Unternehmen strengere Vorgaben und Prozesse als die ISO-Norm hat, dann wird der externe Auditor die Erfüllung dieser Vorgaben auch überprüfen. Macht euch von Beginn an das Leben so leicht wie möglich, insbesondere, wenn es nur um Dokumentation geht. Wenn es jedoch um den Qualitätsanspruch eurer Produkte geht, sofern dies durch Kunden bezahlbar ist, bitte gerne strenger sein.

Das Beispiel ist zwar für neue Auditoren bzw. wenn die ISO 9001 an sich für Dich neu ist. Du kannst diesen Ansatz jedoch auch anwenden, wenn Du ein neues System/eine Norm einführst, oder lediglich Dein System überarbeitest.

Bei Audits ohne nennenswerte Änderungen des Kontexts der Organisation legst Du den Schwerpunkt auf der Umsetzung. Bei den dokumentierten Informationen ist dabei sehr wichtig, deren Aktualisierung und Relevanz je nach Kontext zu überprüfen.

12.2 Fallbeispiel 2 – Lieferantenaudit

Bei diesem Fallbeispiel lautet das Auditziel: Überprüfung der Umsetzung der qualitätssichernden Prozessabläufe zum Produkt und Prozess beim Lieferanten vor Ort.

Dies folgt im Rahmen von wiederkehrenden Qualitätssicherungsmaßnahmen gemäß festgelegter Qualitätssicherungsvereinbarung (QSV).

Lass uns das Fallbeispiel Punkt für Punkt durchgehen. Dabei unterteilen wir die Abschnitte wie folgt:

1. Ausgangslage
2. Deine Vorgehensweise anhand von sechs Phasen
3. Konkretes Szenario
4. Auditfragen, -feststellungen und Bewertung
5. Fazit

12.2.1 Ausgangslage

Das Thema Lieferantenaudits ist bei euch neu. Du hast bereits einige Erfahrungen in der Durchführung von Audits bei Lieferanten gesammelt. Bei fünf Audits hast Du als Co-Auditor unterstützt und möchtest nun endlich als Lead-Auditor die Audits durchführen.

Euer Lieferantenmanagement befindet sich gerade im Aufbau. Du möchtest dies professioneller gestalten und die Auditmethode zur systematischen Auswahl und Entwicklung eurer Lieferanten zielführend einsetzen.

Einige eurer Kunden fordern bereits, Lieferantenaudits durchzuführen. Die Forderung wird zunehmen.

Du hast bereits vor zwei Monaten ein Lieferantenauditseminar erfolgreich besucht.

Mit einigen Teilnehmenden und dem Dozenten bist Du auch nach dem Seminar im regen Austausch. Du bist der festen Überzeugung, dass die Auditmethode auch bei Lieferanten gewinnbringend einzusetzen ist.

Dein Vorgesetzter hat Dich für den Einsatz der Auditmethode bei den Lieferanten beauftragt. Du hast viele Ideen und möchtest diese so schnell wie möglich in die Praxis umsetzen.

Ihr habt euch bereits im Team mit dem Auditprozess und den dafür notwendigen Dokumenten (Auditprogramm, Auditplan, Auditbericht, spezifischer Fragenkatalog) beschäftigt.

12.2.2 Deine Vorgehensweise anhand von sechs Phasen des Auditprozesses

Wie gehst Du vor? Der bereits bekannte Auditprozess (Bild 12.1) und die Tabelle 12.3 liefern Dir Orientierung.

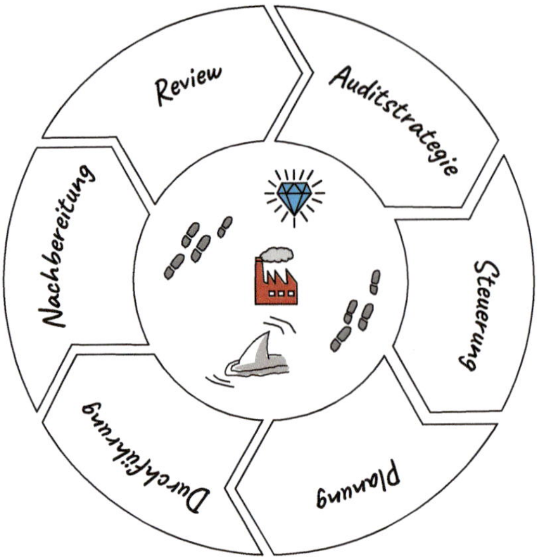

Bild 12.1
Die sechs Phasen im Auditprozess

Tabelle 12.3 Sechs Phasen des Auditprozesses: Schritte, Quicktipps und Hilfsmittel für das Fallbeispiel 2

Phase	Deine Schritte	Quicktipps/Deine Hilfsmittel
Auditstrategie	▪ Entscheidung der Geschäftsleitung ist Deine Grundlage: Lieferantenaudits als wirksames Instrument zur Lieferantenauswahl und partnerschaftlichen Lieferantenentwicklung anwenden.	▪ Kommuniziere die strategische Bedeutung der Audits und stelle den Bezug zur Strategie her.
Steuerung Auditprogramm	▪ Erstelle ein einfaches Lieferantenauditprogramm auf Basis einer Risikoermittlung betreffend Zukaufteile/Prozesse. ▪ Informiere die Geschäftsleitung über die Planung und den Stand der Durchführung.	▪ Auditprogramm enthält Auditziele und nimmt Bezug auf Unternehmens- und Beschaffungsstrategie. ▪ Auditprogramm enthält Auditkriterien, z. B. Bauteilzeichnung, Liefervorschrift.
Fokussierte Planung und Vorbereitung	▪ Hole relevante Informationen über die Organisation im Vorfeld ein. ▪ Erstelle einen Auditplan und informiere den Lieferanten darüber, warum Lieferantenaudits nützlich sind und welchen Beitrag er dazu leisten kann.	▪ Organigramm, Prozessablauf, Prozessanweisung, Materialfluss, Informationsfluss, Geldfluss ▪ Stelle Dein Auditteam so zusammen, dass relevante Kompetenzen zur Erreichung des Auditauftrags vorhanden sind.

Phase	Deine Schritte	Quicktipps/Deine Hilfsmittel
	▪ Mache Dir Gedanken, welche Einstiegsfragen Du mindestens fragen möchtest.	▪ Übertrage Verantwortung mit klarer Rollenverteilung auf die einzelnen Teammitglieder. Die Motivation jedes Einzelnen wird steigen. ▪ Stimme den Auditplan mit dem Lieferanten ab. ▪ Dein spezifischer Fragenkatalog ▪ Zugang zu auditrelevanten Dokumenten und Informationen, z. B. Managementsystem, Prozessdokumentation
Objektive Durchführung	▪ Starte mit einem Eröffnungsgespräch, um Menschen für das Audit zu begeistern. Dein Einstieg ist entscheidend, ob das Audit positiv verläuft oder nicht. Erkläre die Sinnhaftigkeit des Audits, was das konkrete Auditziel und das Vorgehen ist. ▪ Wähle eine konstruktive und wertschätzende Ausdrucksweise. ▪ Vertraulichkeit und Zugang: Erwähne, was mit der gewonnenen oder eingesehenen Information passiert. ▪ Führe Audits gemäß dem Auditplan durch. ▪ Schließe jede Sequenz professionell ab. Aufrichtiges Bedanken, Positives und zu verbessernde Themen direkt vor Ort erwähnen, weil Du damit Diskussionen vermeidest.	▪ Deine Checkliste zum Eröffnungsgespräch ▪ Deine Checkliste zur Auditdurchführung inkl. Feststellungen und Bewertung ▪ Bewerte und dokumentiere Informationen gegenüber Auditkriterien. ▪ Stimme vor Ort die Auditfeststellungen ab. ▪ Nutze die Gelegenheit, um Sauberkeit und Ordnung sowie Arbeitssicherheit, Umweltschutz, Energie und Verschwendungsarten im Betrieb zu überprüfen. ▪ Hinterfrage, ob der Lieferant versteht, warum er etwas auf eine Weise macht und nicht anders.
Zielorientierte Nachbereitung	▪ Auditbericht/Checkliste inklusive festgelegter Maßnahmen vervollständigen, inklusive Verantwortliche ▪ Überprüfung der Wirksamkeit von Maßnahmen planen (was wird wann durch wen wie überprüft?) ▪ Auditnachweise (z. B. Bilder, Dokumente, Aufzeichnungen) ablegen	▪ Kommuniziere die nächsten Schritte. ▪ Checkliste Auditnachbereitung (falls Du eine brauchst) ▪ Auditbericht erstellen ▪ Abstellmaßnahmen werden durch den Lieferanten definiert, proaktiv über den Zwischenstand/Abschluss informiert. ▪ Versende den finalen Auditbericht an einen festgelegten Verteilerkreis (Auditierte, intern).

Tabelle 12.3 Sechs Phasen des Auditprozesses: Schritte, Quicktipps und Hilfsmittel für das Fallbeispiel 2 *(Fortsetzung)*

Phase	Deine Schritte	Quicktipps/Deine Hilfsmittel
Review	▪ Gewöhne Dir an, die Wirksamkeit des Auditprozesses zu überprüfen: Was lief gut, wie kannst Du den Prozess verbessern? ▪ Erkenntnisse aus den Lieferantenaudits fließen in die Managementbewertung ein. ▪ Überprüfe Deine persönliche Vorgehensweise und Weiterentwicklung als Auditor/in: Was lief gut? Was wäre zu verbessern? Was will ich wann konkret umsetzen?	▪ Notiere Dir Deine Erkenntnisse. ▪ Passe bei Bedarf das Auditprogramm an (z. B. bei Verschiebungen, Streichungen).

12.2.3 Konkretes Szenario

Wir nehmen an, der Lieferant hat nur einen Produktionsstandort.

Achtung: Falls der Lieferant noch zusätzliche Standorte und Unterlieferanten hat, so kannst Du die Vorgehensweise dafür anpassen.

Der Lieferant liefert ein mechanisches Bauteil, welches relativ komplex in der Herstellung ist und in hohen Stückzahlen produziert wird.

Wir nehmen uns beispielhaft drei Prozesse aus dem Auditplan:

- Auftragsbearbeitung
- Mechanische Bearbeitung
- Reklamationsbearbeitung

In diesem Szenario nehmen wir weiterhin an, dass ihr selbst Produkte/Dienstleistungen entwickelt.

Zur Vorbereitung hast Du Dich intensiv mit der Entwicklerin des Bauteils aus eurem Unternehmen zusammengesetzt und spezifische Fragen für den Prozess der mechanischen Bearbeitung erstellt.

Quicktipp

Gemäß dem Auditplan befragst Du am Arbeitsplatz den verantwortlichen Mitarbeitenden, der für die operative Tätigkeit zuständig ist.

Von Robin haben wir bereits im Rahmen des Mentoring-Programms mit Maya erfahren, nicht nur die Führungskräfte zu auditieren. Schließlich möchtest Du erfahren, wie die Tätigkeiten konkret umgesetzt werden.

12.2.4 Auditfragen, -feststellungen und Bewertung

Stelle Deine Fragen möglichst offen und verwende dazu W-Fragen (siehe Abschnitt 7.2.1). Die offenen Fragen bieten dem Gesprächspartner die Möglichkeit, seine Antwort frei zu formulieren. Die Praxis zeigt häufig, dass seine Aussage in der Regel einen sehr hohen Informationsgehalt enthält. Tabelle 12.4 zeigt ein Beispiel.

Tabelle 12.4 Fallbeispiel 1: Auditfeststellungen und Bewertung

Fragestellungen Auftragsbearbeitung	Eingesehene Nachweise (Beispiele)/Feststellung	Bewertung	Handlungsbedarf
▪ Welchen Aufgabenbereich haben Sie als Mitarbeitende innerhalb der Auftragsbearbeitung? (Sind Anweisungen vorhanden?)	▪ Prozessanweisung Feststellung: Der Aufgabenbereich ist nicht vollständig festgelegt. Alles andere ist vorhanden und nachvollziehbar.	Teilweise erfüllt	Aufgabenbereich vollständig festlegen
▪ Welche Vorgaben enthält die Prozessanweisung? Auf was achten Sie bei der Auftragsprüfung besonders?	▪ Zeichnungsindex, Freigabedatum Feststellung: Indexprüfung und Freigabedatum der Zeichnung mit Vier-Augen-Prinzip durchgeführt.	Erfüllt	Kein Handlungsbedarf
▪ Wie gehen Sie bei der Auftragsbearbeitung praktisch vor? (Werden die Vorgaben vom Mitarbeitenden umgesetzt?) ▪ Beschreiben Sie dies anhand eines Beispiels eines Auftrags aus der Praxis. Wenn möglich, zeigen Sie eigene Beispiele.	▪ Prozessanweisung mit Prozessablauf ▪ Tätigkeiten anhand eines konkreten Kundenauftrags beschrieben ▪ Übereinstimmung Zeichnungsindex Kunde/Lieferant Feststellung: Nach einer Stichprobenprüfung von zwei Aufträgen entspricht die Beschreibung wie in der geltenden Prozessanweisung gefordert.	Erfüllt	Kein Handlungsbedarf
▪ Welche Nachweise bestätigen die geforderte Vorgehensweise?	▪ Freigegebene Indexprüfung mittels Vier-Augen-Prinzip	Erfüllt	Kein Handlungsbedarf

Tabelle 12.4 Fallbeispiel 1: Auditfeststellungen und Bewertung *(Fortsetzung)*

Fragestellungen zur mechanischen Bearbeitung	Eingesehene Nachweise (Beispiele)/Feststellung	Bewertung	Handlungsbedarf
▪ Welche Prozessanweisung ist zur mechanischen Bearbeitung relevant? (Kann der Mitarbeitende diese benennen?)	▪ Prozessanweisung mit Index B Feststellung: Die Prozessanweisung ist im QM-System mit dem Index C hinterlegt. Änderungsgrund: Erweiterung kritischer Merkmale vom Kunden. Am Arbeitsplatz befindet sich das Dokument mit Index B.	Nicht erfüllt	Umgehend sicherstellen, dass die aktuelle Prozessanweisung den Mitarbeitenden zugänglich ist und verstanden wird (Wirksamkeitsprüfung).
▪ Welche Vorgaben enthält die Prozessanweisung mit Index C?	▪ Prozessanweisung mit Prüfschritten und Prüf- und Messmitteln Feststellung: Prozessablauf ist nicht aktualisiert. Somit ist kein Dokument vorhanden, das den aktuellen Stand der Montage und manuellen Prüfschritte darstellt.	Nicht erfüllt	Sicherstellen, dass der Prozessablauf den aktuellen Vorgaben entspricht.
▪ Wie erfolgt die Freigabe des Fertigungsanlaufs und wie werden die Einstelldaten an der Maschine sowie Abweichungen erfasst?	▪ ERP-System ▪ Aufzeichnungen von Einstelldaten und Abweichungen Feststellung: Die Freigabe erfolgt im Vier-Augen-Prinzip und wird im ERP-System hinterlegt. Einstelldaten und Abweichungen werden im ERP-System eingegeben.	Erfüllt	Kein Handlungsbedarf
Fragestellungen zur Reklamationsbearbeitung	**Eingesehene Nachweise (Beispiele)/Feststellung**	**Bewertung**	**Handlungsbedarf**
▪ Welche Qualitäts- und Prozessdaten werden auswertbar erfasst?	▪ Prozessdaten Feststellung: Die Prozessdaten werden entsprechend den Vorgaben automatisch erfasst. Prozessstörungen werden erkannt. Maßnahmen werden daraus nicht abgeleitet und dokumentiert.	Teilweise erfüllt	Sicherstellen, dass resultierende Maßnahmen aus den Prozessstörungen abgeleitet und dokumentiert werden.

▪ Wie erfolgt bei Abweichungen von Produkt- und Prozessforderungen die systematische Ursachenfindung?	▪ Prozessbeschreibung zur Ursachenanalyse ▪ 5-Why-Methode ▪ Ursache-Wirkungs-Diagramm (Ishikawa) ▪ 8D-Methode/8D-Bericht ▪ Maßnahmenplan mit Wirksamkeitsüberprüfung ▪ Interdisziplinäre Zusammenarbeit Kunde/Lieferant Feststellung: Ursachenanalyse systematisch als Teamarbeit unter Einbezug wirksamer Methoden durchgeführt. Drei Beispiele der letzten Reklamationen zur Einsicht.	Erfüllt	Kein Handlungsbedarf
▪ Wie erfolgt eine regelmäßige Überprüfung der Produkt- und Prozessqualität? ▪ Welche Nachweise bestätigen die geforderte Vorgehensweise?	▪ Risikobasiertes Auditprogramm ▪ Prozessaudit ▪ Auditbericht ▪ Maßnahmenplan mit Überprüfung der Wirksamkeit Feststellung: Prozessaudits werden systematisch und risikobasiert durchgeführt. Stichprobe: Bei zwei von drei durchgeführten Audits wurde ein Bericht erstellt.	Teilweise erfüllt	Vollständige Erstellung der Auditberichte und nach Abstimmung mit dem Auditierten zeitnahe Zustellung

12.2.5 Fazit Fallbeispiel 2

Aus diesem Fallbeispiel eines Lieferantenaudits kannst Du entnehmen, dass einige Punkte erfüllt und einige offene Punkte zu erledigen sind. Mit den Prozessverantwortlichen des Lieferanten entscheidest Du, was bis wann und durch wen erledigt wird. Setze gemeinsam die richtigen Prioritäten. Falls es die Situation erfordert, lege bereits vor Ort durch notwendige Sofortmaßnahmen z. B. eine 100-%ige Warenausgangskontrolle fest. Somit reduzierst Du das Risiko, Schlechtteile zu erhalten.

Im Rahmen von Lieferantenaudits sind Empfehlungen nicht zwingend durch den Lieferanten umzusetzen. Wenn Du während des Audits bereits die Akzeptanz zur Verbesserung beim Auditierten erreicht hast, werden daraus erfahrungsgemäß Maßnahmen abgeleitet und auch umgesetzt.

Wenn Du auch hier bei Lieferantenaudits Best-Practice-Beispiele findest, teile diese unbedingt weiter, weil damit Kolleginnen und Kollegen für ihre Audits inspiriert werden. Du baust dadurch Vertrauen zwischen den Lieferanten und Auditoren auf. Dazu ist nicht nur Dein Fachwissen wichtig, sondern auch Dein Umgang mit Menschen.

Aus jedem Lieferantenaudit muss erkennbar sein, ob ein Risiko für das Produkt und den Prozess besteht. Falls dies der Fall ist, definiere in dem Maßnahmenplan, wer was bis wann mit welcher Priorisierung zu erledigen hat. Die Erfahrung aus Lieferantenaudits hat gezeigt, dass eine zeitnahe und konsequente Nachverfolgung der Umsetzung der Maßnahmen erforderlich ist. Es hat sich bewährt, eine verantwortliche Person im eigenen Unternehmen festzulegen, die Lieferantenaudits weiterverfolgt. Dies muss nicht zwingend der verantwortliche Auditor sein.

> Zu beachten: Stelle die Feststellungen (Abweichungen/Verbesserungen) so dar, dass sie für Dritte nachvollziehbar sind. Stichworte sind nicht ausreichend genug. Halte fest, welche Stichprobe Du gewählt hast, z. B. Prüfmittelnummer, Dokumentenbezeichnung, Projektnummer, Kundenvorgang.

13 Ausblick und nächste Schritte

13.1 Ausblick

Mit diesem Buch setzen wir den Trend, eine ganzheitliche Auditstrategie im Unternehmen zu entwickeln und zu etablieren. Deine Auditstrategie ist anzupassen an die Entwicklung der Trends auf dem Markt und in der Technologie. Beobachte also die Trends, die euren Kontext zum Unternehmen ändern, und gehe mit der Zeit. Dies bezieht sich auf alle sechs Phasen des Auditprozesses (siehe Bild 13.1).

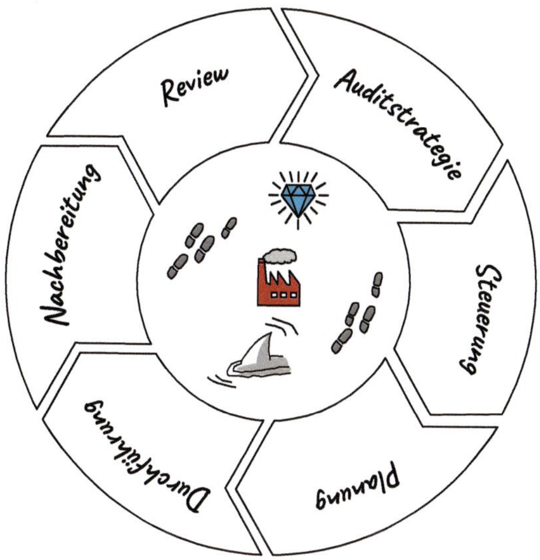

Bild 13.1
Die sechs Phasen im Auditprozess

Überlege also, ob die Trends im Markt die einzelnen Auditphasen Auditstrategie, Steuerung, Planung, Durchführung, Nachbereitung, Review in irgendeiner Form beeinflussen. Nachfolgend sind einige Beispiele solcher Trends aufgeführt.

Trends in Bereichen Kollaborationen und Applikationen berücksichtigen

Braucht ihr im Unternehmen Kollaborationstools und neue Applikationen, damit der Auditprozess noch einfacher und reibungsloser verläuft?

Vermehrter Einsatz von Remote Audits anstatt Vor-Ort-Audits

Remote Audits werden häufiger bei Audits eingesetzt. Zum Teil vollständig, zum Teil gemischt. Es ist jedoch darauf zu achten, dass Beobachtungen und Bewertungen aus der Ferne zwar eine Alternative zu Vor-Ort-Audits sein können, diese aber nicht in der vollständigen Wirkung ersetzen.

Die Anwendung von Remote Audits hat sowohl Vor- als auch Nachteile. Je nach Bedarf und Auditsituation ist abzuwägen, ob sich das Remote Audit als Methode zur Auditierung eignet und zielführend ist. Aufgrund des digitalen Wandels und des Umstiegs auf virtuelle Methoden können wir jedoch davon ausgehen, dass uns Remote Audits noch in der nächsten Zukunft als digitale Alternative begleiten werden.

Kreativer Einsatz von Audits

Wie können Audits mit der Zeit eingesetzt werden, um Dein Unternehmen voranzubringen? Sei dabei kreativ. Mach es mal anders und gewinne Erkenntnisse darüber. Gewinne andere Bereiche als Auditoren, damit die Akzeptanz erhöht wird.

Was wir in diesem Buch beschrieben haben, sind unsere langjährigen Erfahrungen als Qualitätsingenieur im Supply Chain Management in internationalen, führenden Technologieunternehmen und aus mehr als 18 Jahren Erfahrung in den Bereichen Managementsysteme, QM- & IT-Projekte, als Projektleiterin, Trainerin und als Zertifizierungsauditorin – sowohl in kleinen als auch in großen Unternehmen.

Unsere Erfahrungen treffen unter Umständen nicht auf alle unter uns Auditorinnen und Auditoren zu. Viele werden uns mit größter Wahrscheinlichkeit zustimmen, dass die Beschreibungen aus der eigenen Praxis nachvollziehbar sind.

Bist Du eine Auditorin oder ein Auditor und findest Dich im oben Beschriebenen nicht wieder? Wir gratulieren Dir herzlich, dann hast Du eine ganz andere Sichtweise und Erfahrungswerte gesammelt. Schreibe uns gerne eine persönliche Nachricht! Wir freuen uns über den Austausch und das Teilen Deiner Erfahrungen und Sichtweisen.

13.2 Deine nächsten Schritte

Nun geht es darum, mit Gewinn aktiv zu werden!

Oder möchtest Du lieber so weitermachen wie bisher? Wir denken eher nicht! Du hast Dir mit diesem Buch das Potenzial erarbeitet und die große Möglichkeit, einen Mehrwert für das gesamte Unternehmen zur Auditierung zu schaffen und zu zeigen. Wir hoffen, dass das Buch Dir dazu die nötigen Impulse gegeben hat.

Am Ende eines Buches stellst Du Dir vielleicht die weiterführenden Fragen: „Was kann ich persönlich mitnehmen?" „Wie kann ich das Gelesene am besten für mich und für mein Unternehmen im Alltag umsetzen?"

Einige beantworten konsequent die im Buch aufgeführten Fragen zur Reflexion. Die nach der Anwendung gewonnenen Erkenntnisse schreiben sie sich in ein Lerntagebuch auf. Damit stellen sie sicher, dass sie Neues lernen und die Inhalte des Buchs Schritt für Schritt in die Praxis umsetzen. Der mit Abstand wichtigste Tipp ist, dass die Schlüsselpersonen im Unternehmen den Mehrwert und den Nutzen von internen Audits und Lieferantenaudits für das gesamte Unternehmen erkennen müssen. Teile mit ihnen den Inhalt dieses Buchs.

Quicktipp

Führe ein persönliches Lerntagebuch zur Transfersicherung. Folgende Fragen unterstützen Dich:

- Was habe ich Neues gelernt?
- Was ist mir dabei gut gelungen?
- Woran werde ich inhaltlich noch weiterarbeiten: wann, wo, wie, mit wem?
- Was möchte ich in den nächsten Tagen mit welchem Ziel konkret anwenden?
- Was will ich noch nachholen, was noch klären?
- Wer kann mich dabei von intern oder extern unterstützen?

Wir sind fest davon überzeugt, dass eine konsequente Anwendung der vorgestellten Beispiele, Methoden und schrittweises Vorgehen sowie eine intensive Kommunikation in der Zusammenarbeit aller Beteiligten, Audits zukünftig gewinnbringend einzusetzen, somit zum Unternehmenserfolg beitragen werden.

Einige Unternehmen sichern sich den Auditerfolg durch eine Umsetzungsbegleitung während der Auditplanung und Durchführung. Sie bieten ihren Mitarbeitern und Mitarbeiterinnen ergänzende Begleitung oder praxisorientierte Trainings mit einem erfahrenen Auditor an, um den größtmöglichen Nutzen für die Mitarbeitenden und das gesamte Unternehmen zu erreichen. Damit entwickelt sich das Unternehmen kontinuierlich weiter.

Führungs- und Fachkräfte sowie Prozessinhaberinnen müssen verstehen, warum es sich auch für sie lohnt, den Aufwand interner Audits und Lieferantenaudit zu leisten.

Wenn Du als „Mehrwert“ nur die Notwendigkeit von Audits aufgrund von Normanforderungen zu bieten hast, wird Dein Stand eher ein schlechter sein. Du solltest erklären können, was sich in positiver Weise im Unternehmen durch Maßnahmen aus internen Audits und Lieferantenaudits verändert und bereits verändert hat. Das kann sehr vielfältig sein. Einige Beispiele:

- Gewinnbringender Beitrag zu den Unternehmenszielen mithilfe einer Auditstrategie durch die Geschäftsleitung
- Verbesserte oder einfachere Prozessqualität und Prozessstabilität
- Risikoreduktion: Sicherstellung der Produkt- und Prozessqualität
- Verbesserung der Arbeitssicherheit und Umweltschutz
- Aufbau eines Wissensmanagements durch eine flächendeckende Einbindung der Mitarbeitenden

Verdeutliche, in welcher Form auditierte Personen und das Unternehmen von den Verbesserungen aus den Audits profitieren. Wenn Du Dich nur auf die Vorteile aus Sicht des Qualitätsmanagements oder der Beschaffung beschränkst, dann wirst Du damit deutlich weniger Akzeptanz erreichen.

Überlege, wie Du im Zusammenhang mit den Auditergebnissen die Auditerfolge in der internen Kommunikation nutzt und damit das Thema attraktiver machen kannst. Mit den folgenden Überlegungen kannst Du jetzt starten:

- Welche Möglichkeiten zum weiteren Nutzen von Auditergebnissen würden sich eignen?
- Was kannst Du unternehmen, dass Deine Auditergebnisse bekannt werden?
- Welche Personen müsstest Du in den Auditprozess mit einbeziehen, sodass Deine Akzeptanz steigt?
- Wie beziehst Du die Personen in den Auditprozess mit ein?
- Welche drei konkreten Schritte setzt Du kurzfristig um?
- Welche Kompetenzen fehlen Dir als Auditorin/in als Auditor?

Wir wünschen Dir viel Erfolg bei der Umsetzung Deiner nächsten Schritte als Beitrag, Audits mit Gewinn, zu erreichen.

Danke

Dass dieses Buch, liebe Leserin/lieber Leser, nun erfolgreich entstanden ist, ist nicht allein unser Verdienst. Wir durften auf zahlreiche Personen und Institutionen zählen, die uns vertrauen und bei denen wir unsere Erfahrungen sammeln konnten, damit dieses Buch zum Erfolg wird.

Auch während des Schreibens haben wir auf viele Menschen zählen dürfen. Eine besondere Erwähnung bedürfen hier die für uns wertvollen Menschen.

Unser Dank geht an den Carl Hanser Verlag, der uns kompetent und professionell begleitete und das Buch veröffentlichte.

Wir bedanken uns auch bei Carsten S. Leimbach, unserem Lektor, dessen unkomplizierte und kompetente Arbeitsweise uns Sicherheit gab, weiterzumachen.

Von Herzen gilt unser Dank an unsere Familien zu Hause, denn ein Buch zu schreiben bedeutet, weniger Stunden bei der Familie zu sein. Wir danken euch für euer Verständnis und die Ermutigungen. Ohne euren Rückhalt und die großartige Unterstützung wären wir nicht so weit gekommen.

Vielen Dank auch an unsere Freunde und Kolleginnen, die uns Mut gaben, weiterzumachen und sich mit uns jederzeit bei der Erwähnung des Buches mitfreuen mögen.

Vielen lieben Dank an Dich, liebe Leserin/lieber Leser und an alle aus unserer LinkedIn Community, für das Vertrauen. Das schätzen wir in besonderem Maße.

Über die Autoren

Susan Omondi ist Master of Business Information Technology und bringt mehr als 18 Jahre Erfahrung in den Bereichen Qualitätsmanagement, Audits (interne und Zertifizierungsaudits), IT-Projekte und Schulungen mit.

Mit VALUE ADDITION begleitet sie Unternehmen zu den Themen Projektmanagement (IT & QM), Digitalisierung, Audits sowie Diversity & Ethik in der Technologie. Sie ist Trainerin, Keynote-Speakerin, Moderatorin und führt Audits im Auftrag von unabhängigen Gesellschaften durch.

www.valueaddition.de

Christian Braun ist Master of Advanced Studies Fachhochschule Nordwestschweiz (FHNW) in Business Engineering Management und Dozent bei verschiedenen Weiterbildungsinstituten in Deutschland und in der Schweiz. Er hat langjährige Erfahrungen als Qualitätsingenieur im Supply Chain Management aus weltweiten Lieferantenaudits in führenden Technologieunternehmen sammeln können.

Mit braunimpuls bietet er ein einzigartiges Mentoring-Programm sowie Inhouse-Trainings für die Entwicklung von Auditorenkompetenzen bei der Planung und Durchführung von internen Audits und Lieferantenaudits.

www.braunimpuls.com

Das Anliegen beider Autoren mit diesem Buch ist es, Menschen und Unternehmen für sinnvolles und wirksames Auditieren zu motivieren und ihnen die entsprechenden Werkzeuge mitzugeben.

Quellenverzeichnis/ weiterführende Lektüre

Braun, Christian (2020): Professionelle Lieferantenaudits: So gelingt's, in: MQ Management und Qualität 05/2020, 63, S. 11

Braun, Christian (2018): Aus für Erbsenzähler, in: QZ Qualität und Zuverlässigkeit, 63, S. 15

Dietsche, Carsten (2023): Checklisten zum Umweltaudit-Umweltauditor bzw. Umweltbetriebsprüfer 2010-Jun-15, Version 2.0, im Internet verfügbar: *https://www.researchgate.net/publication/363824282_Checklisten_zum_Umweltaudit_-Umweltauditor_bzw_Umweltbetriebsprufer_2010-Jun-15_Version_20*, (zuletzt abgerufen am 26.01.2023)

DIN EN ISO 9001:2015-9, Qualitätsmanagementsysteme – Anforderungen (ISO 9001:2015): Deutsche, französische und englische Fassung EN ISO 9001:2015

DIN EN ISO 9000:2015-11, Qualitätsmanagementsysteme – Grundlagen und Begriffe (ISO 9000:2015): Deutsche und englische Fassung EN ISO 9000:2015

DIN EN ISO 19011 (2018): Leitfaden zur Auditierung von Managementsystemen; Deutsche und englische Fassung EN ISO 19011:2018

Deutsche Gesellschaft für Qualität e.V. DGQ Weiterbildung GmbH (2018): DGQ-Leitfaden: Willkommen in der Welt des Audits, Frankfurt am Main 2018

International Organization for Standardization (2022): ISO Survey of certifications to management system standards – Full results. *https://isotc.iso.org/livelink/livelink?func=ll&objId=18808772&objAction=browse&viewType=1* (zuletzt abgerufen am 28.11.2022)

Kallmeyer, Wolfgang Dr.-Ing. (2019): Der Auditfragenkatalog zur ISO 9001 – Fragen finden und im internen Audit richtig einsetzen: 1. Auflage. Köln: TÜV Media GmbH, TÜV Rheinland Group

Matter, Markus (2019): Fotoprotokoll Modul Lieferantenaudits. Nichtpubliziertes Dokument, Version November 2019. Olten: SAQ-Qualicon AG

Müller-Stewens, Günter Prof. Dr.; Gillenkirch, Robert Prof. Dr. (2018): Gabler Wirtschaftslexikon: Strategie: *https://wirtschaftslexikon.gabler.de/definition/strategie-43591/version-266920*, (zuletzt abgerufen am 28.10.2022)

Omondi, Susan (2021): Modernes Qualitätsmanagement nach ISO 9001, Kurs auf LinkedIn Learning: *https://www.linkedin.com/learning/modernes-qualitatsmanagement-nach-iso-9001* (zuletzt abgerufen am 30.11.2022)

Wienken, Ursula (2022): Feststellungen im internen Audit korrekt formulieren. Das kann man lernen! *https://www.mq-koeln.de/blog/interne-audits-4/feststellungen-im-internen-audit-korrekt-formulieren-50#o_wblog_post_main* (zuletzt abgerufen am 13.11.2022)

Index

B

T

V

W